"十四五"职业教育国家规划教材

虚拟现实实用教程

主　　编：王备战　余海箭
执行主编：赵江声
编　　委：陈炳泉　黄　玺　胥　平
　　　　　吴高磊　江青霞　张　斌
　　　　　陈　娜　林光毅　高　捷

电子工业出版社
Publishing House of Electronics Industry
北京·BEIJING

内 容 简 介

本书结合虚拟现实的最新理论，基于当今行业领先的 Web VR 平台，给出丰富的案例分析，并提供详尽的项目解决方案，极具权威性和实用性。全书共有九大专题，内容从虚拟现实的发展历程、基本特征到技术体系，逐步深入到各个技术体系的具体实现，以一个实际的案例由浅入深、从无到有地引导学生实现一个可以实际商用的作品；再通过两个行业的典型综合案例诠释虚拟现实商业模式及虚拟现实应用的广阔前景。

本书的最大特色是"注重实战，以专业理论为基础；案例教学，以商业应用为方向"。针对虚拟现实课程对于实战操作的较高要求，全书以"理论知识点 + 实战项目"为形式来组织教学内容，非常适合教师进行理论和实验课的教学；同时，广大学生或者对虚拟现实行业感兴趣的创业者，通过学习本书可以快速地掌握具有商用价值的实用技能。

未经许可，不得以任何方式复制或抄袭本书之部分或全部内容。

版权所有，侵权必究。

图书在版编目（CIP）数据

虚拟现实实用教程 / 王备战，余海箭主编．—北京：电子工业出版社，2019.10
ISBN 978-7-121-37438-8

I．①虚… II．①王… ②余… III．①虚拟现实－高等学校－教材 IV．① TP391.98

中国版本图书馆 CIP 数据核字（2019）第 201609 号

责任编辑：左　雅
印　　刷：三河市君旺印务有限公司
装　　订：三河市君旺印务有限公司
出版发行：电子工业出版社
　　　　　北京市海淀区万寿路 173 信箱　　邮编 100036
开　　本：787×1092　1/16　　印张：11.25　　字数：288 千字
版　　次：2019 年 10 月第 1 版
印　　次：2025 年 2 月第 2 次印刷
定　　价：55.00 元

凡所购买电子工业出版社图书有缺损问题，请向购买书店调换。若书店售缺，请与本社发行部联系，联系及邮购电话：(010) 88254888，88258888。

质量投诉请发邮件至 zlts@phei.com.cn，盗版侵权举报请发邮件至 dbqq@phei.com.cn。

本书咨询联系方式：（010) 88254580，zuoya@phei.com.cn。

序言一

今天的我们，正处在一个多彩的世界。我们要以什么样的方式来观察所处的世界？像宇航员在太空遨游，像潜水员在深海探索，像历史学者对过往进行追溯，像小说家对未来畅想连篇？求知欲让我们想要更多地、多角度地、全方位地了解这个世界，VR（虚拟现实）技术的出现让我们的"身临其境"不再受限于现实。

融合发展是这个时代的主要特征之一，这得益于信息的数字化。文化、艺术、科学、生活等元素交相辉映，互为融合。我们可以足不出户，徜徉在多维虚拟空间场景中，这是真实与虚拟、艺术与技术的完美融合，也是VR作为新一代信息技术集大成者的魅力所在。

2016年被称为VR产业元年，相关产业发展一路高歌猛进。VR已经逐渐成为一个具有广阔商业前景的科技领域。这是一场科技探险，也是一场文化盛宴，它点燃了关于意识和现实的无数遐想。VR的发展是一个在技术上不断突破、在内涵上不断丰富的现代科技的体现，它弥补了现实的限制所带来的缺憾，以一种崭新的方式丰富着人们的文化生活，满足人们对未来的无限幻想。

国务院在2016年8月8日印发了《"十三五"国家科技创新规划》，指出当前我国"十三五"科技创新的总体目标是：国家科技实力和创新能力大幅跃升，创新驱动发展成效显著，国家综合创新能力世界排名进入前15位，迈进创新型国家行列，有力支撑全面建成小康社会目标实现。

可见科技创新已处于国家核心战略高度。

创新是在模仿的基础上添加附加值，VR 技术也如是。本书注重理论联系实际，结合实际商业案例，通俗易懂，由浅入深，一步一步地引导读者初识 VR、熟识 VR、热爱 VR，并穿插课堂实践任务，让更多人参与到 VR 技术的探索中，持续开拓前行。

我始终坚信科技创新是一个国家进步的根本，不畏失败、不惧艰险的践行者是国家进步不可或缺的宝贵财富。科技的进步往往得益于前人的研究、开发和积累，感谢所有创造了今日美好生活的先驱者，更祝福所有推动社会进步的后来者，因为 Nothing is impossible！

编者水平有限，书中可能存在错谬之处，欢迎大家交流指出，我们将不胜感激。

厦门大学软件学院副院长
教授、博士生导师
2019 年 6 月于厦门

序言二

最近几年，科学技术风起云涌，5G 技术席卷全球，虚拟现实技术作为下一代通用性技术平台和下一代互联网入口也被推上风口浪尖，成为全球科技攻关的前沿高地。工业和信息化部最近公布的《关于加快推进虚拟现实产业发展的指导意见》提出虚拟现实产业的发展目标是：到 2025 年，我国虚拟现实产业整体实力进入全球前列，掌握虚拟现实关键核心专利和标准。虚拟现实技术已经融入工业制造、文化、教育、健康、商贸等行业，成为引领全球新一轮产业变革的重要力量。

我国正面临虚拟现实专业人才短缺的困境，加快虚拟现实人才培养已经提到国家战略规划的重要层面。教育部决定从 2019 年开始在全国高职院校设立"虚拟现实应用技术"专业。

我与我的团队多年来致力于虚拟现实技术的研发与应用，在全国首创 Web VR 开放平台，为广大虚拟现实爱好者搭建了一个易学习、易操作的技术入口平台。我们十分感谢厦门大学软件学院王备战教授、赵江声高级工程师及其专家团队在虚拟现实理论上给予的指导和帮助，我们共同组织、编写了《虚拟现实实用教程》这本书，其目的就是要把虚拟现实最新理论知识与最简便、最实用的 Web VR 技术平台相结合，理论紧密联系实际，深入浅出，用大量利用虚拟现实技术创作的成功案例剖析和阐述虚拟现实理论知识，让广大学生、读者学以致用，尽快掌握虚拟现实这门实用技术。

本书最大特色是图文并茂、简繁得当，是集虚拟现实专业理论知识、快速三维数字制作、数字交互设计、创新创业实战于一体的"虚拟现实应用技术"专业教材，也是从事虚拟现实应用设计人员必不可少的参考书，也可作为网络教育、自学考试等参考用书。

由于我们学识粗浅，经验不足，错误在所难免，敬请读者提出宝贵意见。

虚拟现实产业技术研究院执行院长
Web VR 开放平台创始人
2019 年 6 月于厦门

目录

第一章 虚拟现实：走进VR梦幻世界 ... 1

- 1.1 虚拟现实究竟是什么 ... 2
  - 1.1.1 虚拟现实 ... 2
  - 1.1.2 增强现实 ... 2
  - 1.1.3 混合现实 ... 3
- 1.2 虚拟现实的前生今世 ... 4
- 1.3 虚拟现实的3I特征 ... 5
  - 1.3.1 沉浸感 ... 5
  - 1.3.2 构想性 ... 6
  - 1.3.3 交互性 ... 6
- 1.4 常见感知设备 ... 6
  - 1.4.1 VR头显 ... 7
  - 1.4.2 数据手套 ... 7
  - 1.4.3 动作捕捉系统 ... 8
  - 1.4.4 力反馈设备 ... 8
  - 1.4.5 CAVE虚拟系统 ... 9
- 1.5 实战：国内外著名VR案例欣赏 ... 10
  - 1.5.1 VR电影 ... 10
  - 1.5.2 VR展馆 ... 10
  - 1.5.3 VR电商 ... 12
  - 1.5.4 VR游戏 ... 13

第二章 技术体系：初探 VR 背后真相 ... 15

2.1 感知技术 ... 16
2.1.1 VR 与人的视觉 ... 16
2.1.2 VR 与人的听觉 ... 17
2.1.3 VR 与人的其他感觉 ... 18

2.2 建模技术 ... 19
2.2.1 三维建模技术 ... 19
2.2.2 物理建模技术 ... 21

2.3 呈现技术 ... 21
2.3.1 视觉呈现技术 ... 21
2.3.2 听觉呈现技术 ... 24

2.4 交互技术 ... 24

2.5 实战 ... 25
2.5.1 引擎简介 ... 26
2.5.2 作品的创建 ... 27
2.5.3 作品的查看与管理 ... 28
2.5.4 作品的分享 ... 29
2.5.5 来，让我们从 Hello VR 启航 ... 29

第三章 采集与建模：初探 VR 造物造景奥秘 ... 31

3.1 照片建模 ... 32
3.1.1 定义及建模原理 ... 32
3.1.2 不适合照片建模的物体 ... 33

3.2 拍照环境及技巧 ... 34
3.2.1 拍照环境的搭建 ... 34
3.2.2 拍照注意事项 ... 35

3.3 照片建模软件 ... 36

3.4 全景图概述 ... 37

3.5 全景图制作设备及软件 ... 37

3.6	全景图拍摄技巧	39
	3.6.1 基本知识	39
	3.6.2 角度和张数选择原则	39
	3.6.3 其他技巧	41
3.7	全景图合成及后期制作	43
3.8	实战一：拍摄苹果并制作成VR	43
	3.8.1 拍摄照片	43
	3.8.2 导入照片	45
	3.8.3 照片计算	46
	3.8.4 生成模型	48
	3.8.5 导入平台	51
3.9	实战二：拍摄全景图并制作成VR	53
	3.9.1 拍摄全景图	53
	3.9.2 加载图像	55
	3.9.3 对准图像	56
	3.9.4 创建全景图	56
	3.9.5 全景图补天	58
	3.9.6 全景图补地	58
	3.9.7 将空间导入VR平台	59

第四章　对象与场景：构建梦想世界　63

4.1	实体模型	64
4.2	实体模型的网格	64
4.3	实体模型的贴图	65
	4.3.1 实体模型的纹理贴图	66
	4.3.2 实体模型的法线贴图	67
	4.3.3 实体模型的光照贴图	69
	4.3.4 实体模型的环境光遮蔽贴图	70
	4.3.5 贴图小结	71
4.4	实体模型的材质	71
4.5	光照	72
	4.5.1 环境光	73

- 4.5.2 平行光 ... 73
- 4.5.3 聚光灯 ... 74
- 4.5.4 泛光灯 ... 75
- 4.5.5 体积光 ... 75
- 4.5.6 天空盒光源 ... 76
- 4.5.7 场景和天空盒 ... 77
- 4.6 实战：物品手工建模 ... 77
  - 4.6.1 信息采集 ... 78
  - 4.6.2 模型制作 ... 79
  - 4.6.3 UV 展开 ... 79
  - 4.6.4 贴图制作 ... 79
  - 4.6.5 将模型上传到 VR 平台 ... 80
- 4.7 虚拟现实引擎节点实例操作 ... 81
  - 4.7.1 虚拟现实的三维引擎和结构 ... 81
  - 4.7.2 虚拟现实的对象节点 ... 81
  - 4.7.3 几何节点 ... 82
  - 4.7.4 材质色彩节点 ... 88
  - 4.7.5 材质基础纹理节点 ... 93
  - 4.7.6 材质光照贴图节点 ... 98
  - 4.7.7 材质法线贴图节点 ... 103
  - 4.7.8 材质透明贴图节点 ... 106
  - 4.7.9 背景节点 ... 108
  - 4.7.10 视点节点 ... 111
  - 4.7.11 雾效节点 ... 116
  - 4.7.12 导航节点 ... 116
  - 4.7.13 光源节点 ... 116
  - 4.7.14 阴影节点 ... 117
  - 4.7.15 锚节点 ... 117
  - 4.7.16 广告牌节点 ... 118
  - 4.7.17 编组节点 ... 118
  - 4.7.18 细节层次节点 ... 118
  - 4.7.19 声音节点 ... 118

第五章　渲染与动画：你的眼睛会欺骗你 ... 119

- 5.1 渲染 ... 120
  - 5.1.1 硬件渲染 ... 120
  - 5.1.2 软件渲染 ... 121
- 5.2 相机 ... 121
  - 5.2.1 透视投影相机 ... 122
  - 5.2.2 正交投影相机 ... 123
- 5.3 动画 ... 124
  - 5.3.1 场景过渡动画 ... 125
  - 5.3.2 相机移动动画 ... 125
  - 5.3.3 精灵和逐帧动画 ... 125
  - 5.3.4 关键帧动画 ... 126
  - 5.3.5 类人动画 ... 126
  - 5.3.6 粒子动画 ... 127
  - 5.3.7 动画状态机 ... 128
- 5.4 实战 ... 128
  - 5.4.1 创建移动动画 ... 129
  - 5.4.2 创建旋转动画 ... 130
  - 5.4.3 创建缩放动画 ... 132
  - 5.4.4 创建颜色变化动画 ... 134
  - 5.4.5 创建 UV 变化动画 ... 136

第六章　事件与交互：让世界生动起来 ... 137

- 6.1 VR交互概述 ... 138
- 6.2 基于手势识别的交互技术 ... 138
- 6.3 基于脸部识别的交互技术 ... 138
- 6.4 基于眼球跟踪的交互技术 ... 139
- 6.5 基于动作捕捉的交互技术 ... 140
- 6.6 基于语音控制的交互技术 ... 141
- 6.7 基于触觉反馈的交互技术 ... 141
- 6.8 基于真实场地的交互技术 ... 141

6.9　实战：让模型动起来 …………………………………… 142

第七章　实战演练：VR+电子商务 ………………………… 145

7.1　需求分析 ………………………………………………… 146
7.2　系统设计 ………………………………………………… 146
7.3　模型优化 ………………………………………………… 147
7.4　贴图优化 ………………………………………………… 148
7.5　VR展示 …………………………………………………… 148
7.6　部署到电商平台 ………………………………………… 149
　　7.6.1　如何部署到淘宝 …………………………………… 149
　　7.6.2　如何部署到京东 …………………………………… 152

第八章　实战演练：VR+虚拟展馆 ………………………… 153

8.1　需求分析 ………………………………………………… 154
8.2　系统设计 ………………………………………………… 154
8.3　收集数据、真实测量 …………………………………… 155
8.4　场馆建模 ………………………………………………… 156
8.5　贴图优化 ………………………………………………… 156
8.6　UV制作 …………………………………………………… 157
8.7　光影渲染 ………………………………………………… 158
8.8　VR展示 …………………………………………………… 158

第九章　商业模式：一双 VR+ 的翅膀 ……………………… 159

9.1　VR在各个行业中的应用概述 …………………………… 160
9.2　VR+电子商务 …………………………………………… 161
9.3　VR+网上展馆 …………………………………………… 163
9.4　VR+售楼处 ……………………………………………… 164
9.5　VR+艺术品 ……………………………………………… 165

参考文献 ……………………………………………………… 166

第一章

虚拟现实:走进 VR 梦幻世界

本章目标

1. 了解虚拟现实基本概念
2. 了解虚拟现实基本特征
3. 欣赏虚拟现实著名案例

1.1 虚拟现实究竟是什么

伴随着《阿凡达》《黑客帝国》梦境般的场景，虚拟现实带来的震撼体验令人欲罢不能。所谓的虚拟现实便是时下热门的VR。借助VR，我们可以遨游海底世界，看鱼群从身旁穿梭；借助VR，我们可以翱翔在太空，欣赏浩瀚银河的壮美。"可下五洋捉鳖，可上九天揽月"，伟人的诗句以另一种方式成为现实。VR电影、VR游戏、VR旅游，乃至VR电商、VR教育等层出不穷，虚拟现实已经确确实实地走进了人们的生活。

1.1.1 虚拟现实

虚拟现实（Virtual Reality，VR）技术，又译作灵境技术，是仿真技术与计算机图形学、人机接口技术、多媒体技术、传感技术、网络技术等多种技术的集合，是一门富有挑战性的交叉技术前沿学科。它利用计算机辅助模拟生成一种融合多元信息的三维可交互环境，让用户能产生逼真的视觉、听觉、触觉等多种感觉体验，沉浸其中并能实时交互。这项技术使人能突破时间、空间等的限制，使人"身临其境"地体会真实世界中无法亲身经历的体验。

虚拟现实系统所建立的信息空间，已不再是单纯的数字信息空间，而是一个包含多种信息的多维化的信息空间（Cyberspace），人类的感性认识和理性认识能力都能在这个多维化的信息空间中得到充分的发挥，如图1-1所示。

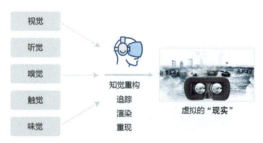

图1-1 虚拟现实系统原理

1.1.2 增强现实

增强现实（Augmented Reality，AR）技术，是一种将真实世界信息和虚拟世界信息"无缝"集成的新技术，它通过计算机科学等技术，将虚拟的信息应用到真实世界，被人类感官所感知，从而达到超越现实的感官体验。它的出现意味着能将计算机技术带到现实当中来，能使科技更"贴近"人们在现实世界的生活。增强现实技术是对现实的增强，是虚拟影像和现实影像的融合。如图1-2所示简要地列出AR技术的三大特征。

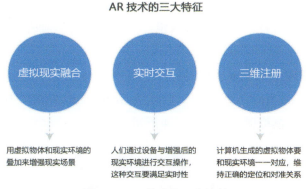

图1-2　AR技术的三大特征

增强现实和虚拟现实的区别，归根到底是对现实的增强还是完全的虚拟化。若是让人们完全投入虚拟世界的沉浸感，则是虚拟现实；若是让虚拟的事物和现实接轨，则是增强现实。

 1.1.3　混合现实

混合现实（Mixed Reality，MR）技术，指的是合并真实世界和虚拟世界而产生的新的可视化环境的技术。混合现实是通过在现实场景呈现虚拟场景信息，人眼看到的将是经过计算机渲染后新的"混合画面"，在现实世界、虚拟世界和用户之间搭起一座交互桥梁，使用户几乎感受不到现实和虚拟世界的差异，以增强用户体验的真实感，如图1-3所示。

图1-3　混合现实场景

1.2 虚拟现实的前生今世

虚拟现实技术的发展历史可以概括为五个时期。

1. 概念萌芽期（1932—1950）

1935年，科幻小说家Stanley G. Weinbaum在其小说中描写了一个可以让人看到、听到、闻到各种各样东西的神奇眼镜，类似于我们当前所熟知的VR眼镜。该小说被认为是探讨虚拟现实的第一部作品。

2. 产品研发初期（1950—1980）

1957年，Morton Heilig研发出一台名为Sensorama的感官模拟设备，该设备后来被用于虚拟现实模拟训练，如图1-4所示。

图1-4　Morton Heilig在体验Sensorama

1968年，Bob Sproul创造了第一个虚拟现实及增强现实头戴式显示器系统，如图1-5所示。

图1-5　世界上首台头戴式VR设备

3. 概念普及期（1980—1990）

Lanier 于 1985 年创办了 VPL 研究所，主要研究虚拟现实设备。VR 逐渐受到媒体的关注，人们开始意识到 VR 存在着巨大潜力。

4. 产品迭代期（1990—2015）

资本市场发现了 VR 商业潜力，并纷纷投入研发。SEGA VR、Mega Drive、Virtuality、QuickTime VR、Virtual Boy、Oculus 等众多 VR 设备产品相继发行，VR 专利的申请量也持续增加。如图 1-6 所示是一款著名的头戴式虚拟现实装置。

图 1-6 2013 年版本的 Oculus Rift 装置

5. 快速发展期（2016 至今）

硬件设备和信息科技的发展带动着 VR 行业进入快速发展期。各大 VR 行业领头羊纷纷发力，在 2016 年迎来了一次大爆发。产品的广泛使用，使得设备价格更亲民，内容更丰富，交互体验更吸引用户。

1.3 虚拟现实的 3I 特征

虚拟现实的 3I 特征，即沉浸感（Immersion）、构想性（Imagination）和交互性（Interaction），由 Burdea G 和 Coiffet 在 1994 年首次提出。

1.3.1 沉浸感

虚拟现实的沉浸感是利用 VR 设备介入用户的视觉和听觉，令人产生虚拟视觉；也可使用可穿戴设备介入用户的触觉，令人产生虚拟触动感。所形成的这些虚拟环境使用户高程度觉得自身真实存在于虚拟世界中。通俗来讲，沉浸感即用户存在于虚拟世界中的真实感。它使用户觉得自己便是虚拟世界的一部分。

虚拟现实技术根据人类的视觉、听觉的生理及心理特点，由计算机产生逼真的三维立体图像和音频。使用者戴上头盔显示器和数据手套等交互设备，便可将自己置身于虚拟环境中，成为虚拟环境中的一员。使用者与虚拟环境中的各种对象相互作用，就如同在现实世界中一样：当使用者移动头部时，虚拟环境中人物的视角所看到的景象画面也会随之变化；当使用者拿起物体挥动时，虚拟环境中的物体也会随之移动；通过多声道耳机还可以听到三维仿真声音。

1.3.2 构想性

虚拟现实的构想性是指虚拟场景是由设计者所想象出来的，既可以是真实现象的重现，也可以有想象的成分。比如建筑设计，虚拟现实技术比用图纸描绘更加地形象生动，有真实感。虚拟现实的构想性可以让人们跨越时空，体验到在现实生活中难以体验到的事件和场景。

1.3.3 交互性

虚拟现实的交互性是指使虚拟现实系统中的人机交互成为一种更近乎自然的交互特性。使用者不仅可以利用计算机键盘、鼠标进行交互，而且能够通过 VR 头显、VR 数据手套等用于信息输入/输出的传感设备进行交互。计算机能够根据使用者的头、手、眼、语言及身体的运动，实时调整系统呈现的图像及声音。使用者通过自身的语言、身体运动或动作等自然技能，就能够对虚拟环境中的对象进行操作，以此，使用者就能够产生如同在真实世界中一样的感受。交互性的另一个方面是实时性，例如，用户抓取虚拟环境中的物体，该物体会随抓取的动作实时地做出相应的反应，使用户有握着东西的感觉。

1.4 常见感知设备

构建虚拟现实环境离不开 VR 硬件设备的支持，常见的硬件设备和系统有 VR 头显、数据手套、动态捕捉系统、力反馈设备、CAVE 虚拟系统等。

1.4.1 VR 头显

VR 头显是一种头戴式显示设备。早期没有头显这个概念，出现了 VR 眼镜、VR 眼罩、VR 头盔等各种各样的叫法。VR 头显是利用设备将人的视听感官封闭，模拟出虚拟环境，让用户产生一种身在其中的感觉。如图 1-7 所示是一个 VR BOX 头显，如图 1-8 所示是使用 VR 头显的效果图。

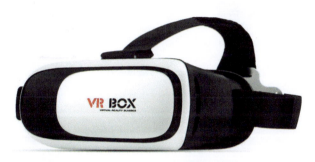

图 1-7　VR BOX 头显

图 1-8　VR 头显效果图

1.4.2 数据手套

数据手套是一种多模式的虚拟现实硬件，通过软件编程可进行虚拟场景中物体的抓取、移动、旋转等动作；根据它的多模式性，也可用作一种控制场景漫游的工具。数据手套的出现，为虚拟现实系统提供了一种全新的交互手段，目前的产品已经能够检测手指的弯曲，并利用磁定位传感器来精确地定位出手在三维空间中的位置。这种结合手指弯曲度测试和空间定位测试的数据手套被称为"真实手套"，可以为用户提供一种非常真实自然的三维交互手段。如图 1-9 所示是利用数据手套与虚拟环境的交互画面。

图 1-9　数据手套与虚拟环境的交互

1.4.3　动作捕捉系统

动作捕捉系统应用技术的本质其实就是把现实人物的动作复制到虚拟人物身上。目前，VR 动作捕捉存在着两种主流动作捕捉方案：光学方案与惯性方案。

（1）通过摄像机进行的动作捕捉技术方案，因为摄像机运用的是光学技术，因此被称为光学动捕方案。如图 1-10 所示是利用光学技术捕捉手势动作的画面。

（2）惯性传感器单元（Inertial Measurement Unit，IMU），通过识别人的运动惯性来进行动作捕捉，通常被称为惯性动作捕捉方案。

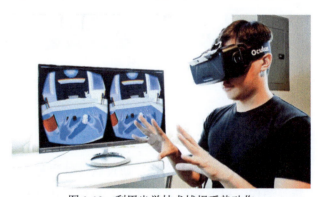

图 1-10　利用光学技术捕捉手势动作

1.4.4　力反馈设备

力反馈就是利用机械表现出来的反作用力，将游戏数据通过力反馈设备表现出来，令用户身临其境地体验游戏中的各种效果。力反馈技术能将游戏中的数据转化成用户可以感觉到的效果，例如，道路上的颠簸或者转动方向盘感受到的反作用力，这些效果都是力反馈控制芯片"播放"出来的。常见的力反馈设备有力反馈手套、力反馈操纵杆、吊挂式机械手臂、桌面式多自由度游戏棒，以及可独立作用于每个手指的手控力反馈装置等。如图1-11所示的Geomagic Touch力反馈设备可以通过对用户手部施加的力反馈使其感受到虚拟对象，同时，当用户操纵屏幕上的3D对象时也会使其产生真实的触摸感觉。

图1-11 Geomagic Touch力反馈设备

1.4.5 CAVE虚拟系统

世界上第一个虚拟现实系统便是CAVE。它把高分辨率的立体投影技术、三维计算机图形技术和音响技术等有机地结合在一起，产生一个立体投影画面包围的高级虚拟仿真环境，并借助相应的虚拟现实交互设备（如数据手套、力反馈装置、位置跟踪器等），使用户获得一种身临其境的高分辨率三维立体视听影像和自由度交互的感受。如图1-12所示为CAVE系统构建的虚拟3D环境。

图1-12 CAVE系统构建的虚拟3D环境

1.5 实战：国内外著名 VR 案例欣赏

1.5.1 VR 电影

爱奇艺 VR 频道，链接地址 http://vr.iqiyi.com/。该频道的影院场景和其中 360°环境的《侏罗纪世界》影片效果如图 1-13 和图 1-14 所示。

图 1-13　爱奇艺 VR 频道的影院场景

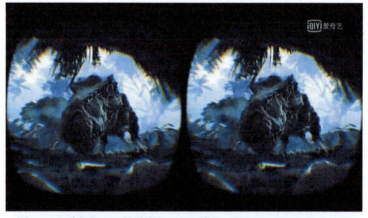

图 1-14　爱奇艺 VR 频道中 360°环境的《侏罗纪世界》影片效果

1.5.2 VR 展馆

（1）CCTV "砥砺奋进的五年"大型成就展的网上展馆，链接地址 http://dlfj5.cctv.com/index.html。该展馆的 VR 场景如图 1-15 所示。

第一章 虚拟现实：走进 VR 梦幻世界

图 1-15 "砥砺奋进的五年"大型成就展的 VR 场景

（2）厦门大学网上展馆，链接地址 http://wszg.xmu.edu.cn。其中陈嘉庚纪念馆和生物博物馆网上展馆 VR 效果如图 1-16 和图 1-17 所示。

图 1-16 厦门大学的陈嘉庚纪念馆 VR 效果

图 1-17 厦门大学的生物博物馆 VR 效果

（3）青海省博物馆数字展馆，链接地址 https://www.11dom.com/view-RlYnpM67V9da4KOLaj0Q25w1zLqEG3kj。该数字展馆展示的永乐款铜鎏金度母像 VR 效果如图 1-18 所示。

图 1-18　永乐款铜鎏金度母像 VR 效果

1.5.3　VR 电商

（1）VR 全景——天猫 Buy+，链接地址 http://www.huaxia.com/xw/zhxw/2017/07/5408639.html。如图 1-19 所示为天猫 VR 购物网站主页，VR 购物还原真实场景的效果如图 1-20 所示。

图 1-19　天猫 VR 购物网站主页

图 1-20　VR 购物还原真实场景效果图

第一章 虚拟现实：走进 VR 梦幻世界

（2）VR 购物，链接地址 http://vr.poppur.com/vrnews/3323.html。模拟实体店购物的场景如图 1-21 所示。

图 1-21 模拟实体店购物场景

1.5.4 VR 游戏

（1）深海沙盒生存游戏 Subnautica，链接地址 https://store.steampowered.com/app/264710/Subnautica/。该游戏界面如图 1-22 所示。

图 1-22 深海沙盒生存游戏 Subnautica 游戏界面

（2）宇宙场景沙盒游戏 X Rebirth VR Edition，链接地址 https://store.steampowered.com/app/570420/X_Rebirth_VR_Edition/。该游戏界面如图 1-23 所示。

图 1-23　宇宙场景沙盒游戏 X Rebirth VR Edition 游戏界面

第二章

技术体系：初探 VR 背后真相

本章目标

1. 初步了解感知技术的基本概念
2. 初步掌握建模技术的概念及分类
3. 初步了解视觉和听觉呈现技术及原理
4. 初步了解交互技术的概念
5. 初步学会使用VR编辑平台

2.1 感知技术

在现实世界中，人们一般通过感觉器官（如图 2-1 所示）来感知周围的物质世界，进而对客观事物的信息进行认知和理解，并对人类自身的决策和行为产生指导作用。在自然界中，很多信息不能直接获得，有些对象和事物是基于感官无法直接感知或者无法进行全面感知的，这就需要借助工具和仪器来进行感知，这种技术称为感知技术。

图 2-1 感觉器官

在虚拟现实世界中，理想的 VR 感知应该具有一切人所具有的感知。VR 感知除了计算机图形技术所生成的视觉感知外，还具有听觉、触觉、力觉、运动等感知，甚至还包括嗅觉和味觉等，这是 VR 的多感知特征。

2.1.1 VR 与人的视觉

在 VR 中，视觉体验是最为重要的一环。当用户带上 VR 头显（VR 头盔或眼镜等）时，优秀的 VR 作品中逼真的虚拟环境让人有身临其境之感，如图 2-2 所示。VR 头显中分明放的是虚拟的图像，人眼看来感觉却是"真实"的，这其中的奥妙究竟在哪里？

首先，人眼天然具有双目视差、移动视差和变焦功能等特性，正因为这些特性，外界场景在大脑的加工后才变得有立体感和纵深感。其次，普通相机的 2D 成像技术与人眼的复杂成像技术相比，简直是天壤之别。VR 视觉体验其实就是模仿人的视觉体验。普通相机拍照，某一时刻只能有一个焦距，照片类似于一个"切片"，而虚拟现实则包含了场景的很多甚至所有切片。在某一时刻用户移动了位置，或者眼睛切换了焦点，计算机通过算法实时地筛选出用户做出这个动作的瞬间应该看到的那一个切片,并经过快速加工,把那个切片呈现在用户眼前的显示屏上。这才是见证奇迹的时刻!利用这个原理,虚拟现实模拟了人眼的视觉体验,从而给人们带来了远超 2D 图片的极大视觉震撼。

图 2-2　VR 头显体验

☆提示☆

➢ 人眼双目视差:人的左右眼看同一个物体时,由于两只眼位置的不同,得到的图像略有不同。

➢ 人眼移动视差:一个物体在移动时,人眼观察这个物体所看到的图像是有差异的。

➢ 人眼变焦功能:在眼睛聚焦到不同远近时,离焦点越近的越清晰,离焦点越远的就越模糊。

2.1.2　VR 与人的听觉

在 VR 中,音效也极为重要。人能够很好地判定声源的方向,因为声音到达两只耳朵的时间或距离有所不同,所以人们靠声音的相位差及强度的差别来确定声源的方向和距离。

研究者将 3D 声音信息作为主要线索来帮助使用者判定物体的距离远近,发现随着距离变化来调节声音大小的 3D 信息能够有效地帮助使用者判定物体距离,这种线索能有效地帮助使用者找到目标。著名音频设备制造商森海塞尔提出名为"AMBEO"的解决方案,其带来的音效极为震撼,给人以身临其境的感觉。

2.1.3 VR 与人的其他感觉

VR 还需要模拟出人的其他感觉，如触觉、力觉乃至嗅觉等。在电影《头号玩家》中，男主角穿戴的就是一套覆盖全身的触觉系统，融合了全身的触觉反馈、温度变化反馈和动作捕捉，其真实感和沉浸感都非常不错，如图 2-3 所示。VR 触觉对于人机交互十分重要，广泛应用于游戏、医疗等领域。VR 触觉设备主要有手套、全身穿戴设备及力反馈接口等。如图 2-4 和图 2-5 所示分别为力反馈接口和力反馈手套设备。

图 2-3　电影《头号玩家》剧照

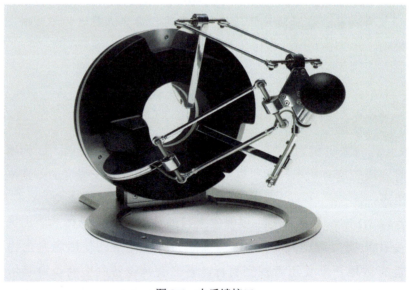

图 2-4　力反馈接口

第二章 技术体系：初探 VR 背后真相

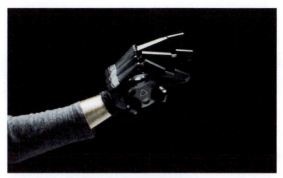

图 2-5　力反馈手套设备

2.2 建模技术

　　虚拟现实为了让用户在虚拟环境中体验"真实"，需要模拟现实场景的构建，其中建模技术最为关键。

　　在此有必要将虚拟现实与三维动画进行比较，二者有着本质上的区别。虚拟现实需要计算机根据用户的需求实时计算场景，故实时性要求高，并有较高的互动性；而三维动画则根据设定好的路径，计算机预先处理并播放静止的图片，没有互动性；由于追求实时性，虚拟现实相比三维动画，在画面的真实感上更强。

　　虚拟现实系统建模主要考虑三个特点：实时性、较强的真实感及互动性。相应地，虚拟现实系统建模的指导原则就是场景漫游的实时性、场景模型的真实感和人机交互的可行性。这三个特点决定了模型质量的好与坏，而模型质量的好坏直接决定了虚拟系统的优劣程度。模型质量的评价标准主要有精确度、操纵效率、显示速度、广泛性、易用性、实时显示等指标。

　　虚拟现实建模作为 VR 整体系统的关键部分，它包含了三维建模、物理建模和行为建模。下面着重介绍三维建模和物理建模。

2.2.1 三维建模技术

　　虚拟环境三维建模的目的在于获取实际三维环境的三维数据，并根据应用的需要，利用获取的三维数据建立相应的虚拟环境模型。只有设计出反应研究对象的真实有效的模型，虚拟现实系统才有可信度。

　　三维建模技术主要有基于几何的建模（Geometrical-Based Modeling）和基于图

像的建模（Image-Based Modeling）两种。

1. 基于几何建模

基于几何的建模技术是研究在计算机中如何表达物体模型形状的技术。几何建模通过对点、线、面、体等几何元素的数学描述，经过平移、旋转、变比等几何变换和并、差、交等集合运算，产生实际的或者想象的物体模型。虚拟现实系统要求物体的几何建模必须快速地显示，这样才能保证交互的实时性。

对象的几何建模是生成高质量视景图像的先决条件。它是用来表达对象内部固有的几种几何性质的抽象模型，所表达的内容包括以下几个方面。

（1）对象中基元的轮廓和形状，以及反应基元表面特点的属性，如颜色；

（2）基元间的连续性，即基元结构或对象的拓扑特性，连续性的描述可以用矩阵、树、网络等；

（3）应用中要求的数值和说明信息，这些信息不一定是和几何形状有关的，例如基元的名称、基元的物理特性等。

通常情况下，几何建模有以下几种方式：一种是人工的方式，比如使用建模语言（OpenGL、Java3D、VRML 等）进行建模，这类方法主要是针对虚拟现实技术的特点而编写的，直接从某些物体的图形库中选取几何图形；另一种是通过建模软件（AutoCAD、3ds Max、Maya 等）进行建模，再通过相关程序或手工导入到工具软件中。利用 Maya 软件进行建模如图 2-6 所示。

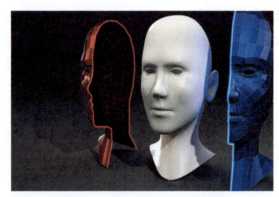

图 2-6　利用 Maya 软件进行建模

2. 基于图像建模

基于图像技术的最早尝试可以追溯到电影映像系统（Movie-Map System）。基于图像的建模（Image-Based Modeling）目的是研究如何从图像中恢复出物体或场景的三维几何信息，并构建其几何模型。根据计算机视觉原理，图像是真实物体或场景在一定的光照作用下，通过相机镜头的光学投射变换得到的结果。图像中包含了大量的视觉线索信息，如轮廓、亮度、明暗度、纹理、特征点、清晰度等，而基于图像的几何建模研究如何通过运用上述视觉线索信息，结合估计得到的相机镜头与光照环境参数，进行光学投射变换的逆变换运算，恢复出物体或场景的三维几何信息，并构建其三维几何模型。

2.2.2 物理建模技术

物理建模指的是虚拟对象的质量、重量、惯性、表面纹理（光滑或粗糙）、硬度、变形模式（弹性或可塑性）等特征的建模。物理建模是虚拟现实中较高层次的建模，它需要物理学与计算机图形学配合，涉及力的反馈问题，主要是质量建模、表面变形和软硬度等物理属性的体现。

虚拟现实系统中模型的运动方式和交互的响应方式依然遵循自然界中的物理规律，例如，物体之间的碰撞反弹、物体的自由落体、物体受到用户外力时朝预期方向移动等。

物理建模的方法主要有分形技术和粒子系统两种，分别如图 2-7 和图 2-8 所示。

图 2-7　分形技术建模

图 2-8　粒子系统建模

2.3 呈现技术

2.3.1 视觉呈现技术

在虚拟现实中，为了让用户在视觉上有身临其境的感觉，就必须有真实感和实时性。实时性是指对运动对象的位置和姿态进行实时的计算与动态的绘制，不会出现视觉迟滞现象。真实感包括几何真实感、行为真实感和光照真实感。

> 几何真实感就是再现实体在客观世界中本身的形态；
> 行为真实感就是让我们建立的对象从观察者的角度上看是真实的；
> 光照真实感就是建立的对象模型反映出来的光照效果和真实世界的物体明暗度相对一致。

视觉呈现技术中最关键的是真实感实时绘制技术，它包含有真实感图形绘制技术、图像实时动态绘制技术和三维立体显示技术等。下面我们简要介绍。

1．真实感图形绘制技术

真实感图形绘制技术就是真实地反映出事物在客观世界中的过程，这种技术的主要任务是模拟真实物体的物理属性，比如它的纹理、形状、皮色、光学性质，还有物体的相对位置及遮挡关系等；主要的方法有纹理映射、环境映射、反走样等。如图2-9所示的是进行纹理映射时，使用不同的纹理所展现出不同的效果。

图2-9 纹理映射效果

2．图像实时动态绘制技术

基于图像的绘制技术（Image Based Rendering，IBR）是指针对某个场景，先准备好一系列我们提前生成的场景画面，在进行场景漫游的时候，系统对接近视点或视线方向的场景画面进行一系列技术转换，从而非常快速地得到当前视点处的场景画面的过程。这种技术完全摒弃了先建模，后确定光照效果的绘制方法，而是直接由一系列已知图像生成未知视角的图像。传统的图形绘制技术一般都是面向景物几何设计的，因此三维建模时间、工程期都很长，建模计算过程比较复杂，对设备硬件要求高，漫游时生成的数据量也非常大。因此，研究基于图像的实时动态绘制技术是非常有意义的。

图像的实时动态绘制技术绘制的图形独立于场景的复杂性，仅与所要生成画面的分辨率有关。预先存储的图像既可以是计算机合成的，也可以是实时拍摄的画面。这种技术对计算机资源的要求相对比较低，普通的工作站和个人计算机均可以实现复杂场景的实时显示。目前基于图像的绘制技术主要包括全景技术、图像插值及视图变换技术。

3．三维立体显示技术

立体显示是虚拟现实的关键技术之一，它使人在虚拟世界里具有更强的沉浸感。立体显示技术的引入可以使各种模拟器的仿真更加真实。

目前立体显示技术主要以佩戴立体眼镜等辅助工具来观看立体影像，随着人们对观影要求的不断提高，由非裸眼式向裸眼式技术发展成为现在研究的重点。综合起来，常见的三维立体技术主要有 4 种：早期基于 PS 的三维立体技术、立体仿真技术、模拟实景 3D 技术、数字实景 3D 技术。3D 显示技术包括双眼视差法和全景模式，其中双眼视差法主要包含眼镜式和裸眼式。眼镜式 3D 又分为色差式、偏光式、头戴式和快门式等。

➢ 色差式是把两幅具有适当视差的同一景物制成红色和绿色图像，再把这两幅图像组合在一起。优点：造价低廉。缺点：3D 效果较差，色彩丢失严重。

➢ 偏光式的观看方式在影院中很常见。优点：无闪烁，可视角度广，能够用轻便舒适的眼镜享受 3D 影响。偏振光成像原理如图 2-10 所示。

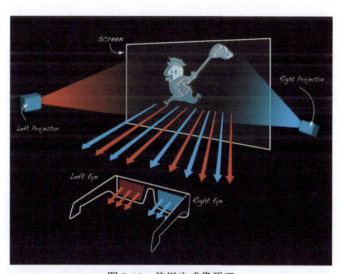

图 2-10　偏振光成像原理

➢ 头戴式比较典型的眼镜是立体头盔，这种方法是在观看者双眼前各放置一个显示屏，观看者的左右眼只能看到相应显示屏上的视差图像。头盔显示器可以进一步分为同时显示和分时显示两种，前一种的价格会更加昂贵些。但是头盔式有一些固有缺陷，例如，显示器分辨率一般都比较低，头盔也比较重，长时间佩戴眼睛容易疲劳等。

➢ 快门式 3D 技术设计的 3D 眼镜主要通过提高画面的快速刷新率（通常要达到 120Hz）来实现 3D 效果，属于主动式 3D 技术。快门式 3D 眼镜根据输入的信号，同步刷新，让观众双眼看到快速切换的不同画面，在大脑中产生错觉并形成立体影像。优点：不会损失任何图像分辨率，3D 效果出众。缺点：会被日光灯影响，出现闪烁，眼睛易疲劳；如果眼镜开合与电视不完全同步，会出现重影，眼睛也易疲劳；亮度有损失，价格偏高等。

2.3.2 听觉呈现技术

为了达到身临其境的效果，光有视觉效果是不够的，听觉体验也十分重要。在体验三维模拟声音的时候，如同在一个球形空间中，处于这个空间中的人可以感受到整个球形空间中任何地方的声音。人们可以根据自己所听见的声音的类型及大小、方向等做出应激反应。像这种在虚拟的空间中能感受到声音发出的具体位置、符合在真实境界中听觉方式的声音处理技术，都称之为三维虚拟声音技术。

三维虚拟声音被加入虚拟现实的系统中与行为并行，用户同时获得视觉和听觉两个方面的沉浸感，用户在虚拟世界中的沉浸感和交互性极大地增强。

三维虚拟声音系统最核心的技术是三维虚拟声音定位技术，其主要特征有全向三维定位特性、三维实时跟踪特性、沉浸感与交互性，此处不再赘述。

2.4 交互技术

所谓交互就是交流与互动。我们的生活中充满各种各样的交互，例如，人类使用汽车作为出行的工具，人们通过仪表盘获得汽车的状态，再通过汽车油门、方向盘、手柄等部件让汽车运动。人操作汽车就是一种交互，驾驶技术可以理解为人与汽车交互的方法。

计算机同样也是一种工具，计算机技术中的交互十分重要并且发展日新月异。从最早的纸带交互，到近代的键鼠交互，再到现代的触屏交互，以及未来可能出现的各种虚拟现实的交互形式，交互的方式越来越丰富，如图2-11所示。用户所得到的反馈也从单纯的文字和数字发展到现在的图、文、声音，甚至是触觉、嗅觉。

图 2-11 交互技术的发展

2.5 实战

【目标】通过 VR 平台制作出第一个作品。初步学会使用 VR 编辑平台。

【人员】个人独立完成。

【时间】本实战不设定完成时间，由学生进行探索式学习操作。

我们所看到神奇的 VR 世界是如何制作出来的呢？在接下来的课程中，我们将独立或者团队作战，亲手制作各种各样的 VR 作品。

首先，让我们从认识 Web VR 引擎开始。本书中的作品都是基于 Web VR 引擎制作并发布的。那么，一套好的 VR 引擎应具备哪些优点呢？它必须是编辑简单，渲染快速，所见即所得，能美化优化图片，能编辑各种对象，当然还要能支持多终端展示等。这些优点 Web VR 都悉数具备，而且还有其他很多亮点，它是不是令人期待啊？

打开浏览器（建议使用谷歌浏览器），在地址栏输入网址 www.11dom.com，进入 Web VR 平台首页，如图 2-12 所示。

图 2-12　Web VR 平台

登录平台，将鼠标移至首页右上角个人头像处并单击，在下拉菜单中选择"我的作品"命令，进入"个人中心"页面，如图 2-13 所示。

在"个人中心"页面有个人信息展示，包括个人资料、作品的创建、作品的修改、作品的展示等，也有编辑操作入口，包括创建物体、创建全景等功能。

图 2-13 "个人中心"页面

☆提示☆

本书采用的 VR 引擎是在线式编辑引擎,无须安装软件,用浏览器就可以打开。浏览器有很多种,由于谷歌浏览器对在线式 VR 编辑的支持最好,所以本书建议选用谷歌浏览器进行编辑操作。

2.5.1 引擎简介

VR 引擎界面分为选项卡、导航栏、菜单栏、工作区,如图 2-14 所示。

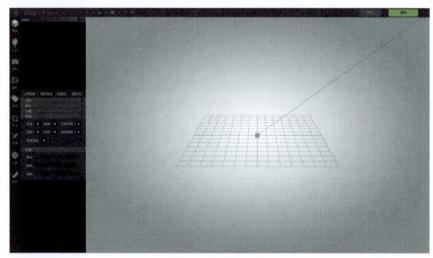

图 2-14 VR 引擎界面

2.5.2　作品的创建

（1）在"个人中心"单击"创建物体"按钮，进入 Web VR 编辑器界面，如图 2-15 所示。

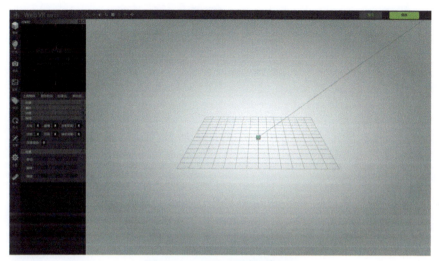

图 2-15　Web VR 编辑器界面

（2）在编辑器中选择"物体"选项卡，并在"控制栏"中单击"上传物体"按钮，如图 2-16 所示。

图 2-16　"控制栏"界面

（3）在弹出的窗口中打开模型文件，请选择本书附件 / 资源文件 /Ch2 目录下的模型文件 teapot.obj，导入后如图 2-17 所示。

（4）单击右上角"保存"按钮，在弹出的窗口中输入"名称""类型""电话""购买链接""简介描述"等信息，完成后单击"确认并提交作品"按钮，当弹出保存成功的提示时，表示完成作品的创建。

图 2-17　打开模型文件

☆提示☆

VR 引擎目前支持 OBJ 格式的模型文件，用其他软件制作模型时请保存为 OBJ 格式。同时对于没有 OBJ 格式模型的同学可以直接使用本书素材即可。

2.5.3　作品的查看与管理

在个人中心界面的作品列表中单击默认文件夹或者任意文件夹，可查看到个人作品列表，如图 2-18 所示，单击作品即可查看。

图 2-18　个人作品列表

在作品页面上可用鼠标下拉管理菜单进行管理，同时在右下角有对作品进行再编辑按钮，如图 2-19 所示。同时支持作品加锁，可以由用户设置密码，自己查看时无须密码，但其他用户需要密码才能查看。

图 2-19　作品管理

2.5.4　作品的分享

本书制作的 VR 作品可以通过计算机、平板、手机等多种终端进行展示观看，还可以通过微信、微博、QQ 等方式便捷地分享自己的劳动成果。单击页面中的"分享"按钮，弹出二维码，一键分享方便快捷，如图 2-20 所示。

图 2-20　作品分享

2.5.5　来，让我们从 Hello VR 启航

揭开 VR 引擎的面纱后，我们就要开始亲手制作自己的作品了。我们第一个 Hello VR 实战项目就以茶壶为例，演练一下从模型文件的上传到制作完成的全过程。

（1）上传物体：首先，请将本书提供的素材包"茶壶"保存到计算机中备用。单击"上传物体"按钮，在本书附件/资源文件/Ch2 目录下找到素材文件 teapot.obj 并进行上传。

（2）在编辑界面中选择茶壶后依次单击"纹理"→"颜色"命令，将茶壶设置为红色。此时茶壶效果如图 2-21 所示。

图 2-21　设置茶壶为红色

（3）选中茶壶前面色块，依次单击"纹理"→"贴图"命令，上传文件"PNG 贴图"。

（4）改变透明度为 99%，消除文字四周的白边。光泽数值调到 5，反射值调到 100，打开折射，将折射数值调到 100。

（5）旋转茶壶到另外一面，选中控制栏中对象 002，依次单击"透明"→"贴图"命令，上传文件"黑白通道贴图"。

（6）在控制栏中选中对象 002，将光泽数值调到 5，反射值调到 100，打开折射，将折射数值调到 100。

（7）选中控制栏中 teapot001，将光泽调到 15，再选择"其他"菜单下的"双面"选项。

此时，一个带有图案、文字的茶壶就做好了，效果如图 2-22 所示，最后要记得保存。大家试着旋转、缩放，还可以分享到微信看看效果，是不是很棒？

图 2-22　茶壶效果

第三章

采集与建模：初探 VR 造物造景奥秘

本章目标

1. 了解照片建模原理
2. 掌握照片建模拍摄环境的搭建
3. 掌握全景图拍摄器材的选择和使用
4. 掌握全景图的拍摄方法及技巧
5. 掌握全景图的合成
6. 掌握全景图的补天

3.1 照片建模

3.1.1 定义及建模原理

照片建模是近年来计算机视觉和计算机图形学技术相结合而产生的一门新兴技术，是指利用二维图像生成物体三维表面模型的三维重构方法。通常做法是使用相机、手机、无人机等拍摄设备围绕物体一周拍摄一组或多组照片，然后通过基于图像序列的三维模型构建软件对照片进行处理运算并生成物体的三维模型。著名的三维建模软件有 Autodesk ReCap 360 Photo、RealityCapture、Smart 3D、Agisoft PhotoScan 等。

照片建模的优点在于模型表面纹理真实，建模过程快，自动化程度高，获取场景的三维模型更为简便快捷，所以这项技术广泛应用于虚拟现实、3D 展示、环境仿真、考古、文物保护、房地产、电子商务、影视特技、电子游戏等领域，如图 3-1 至 3-6 所示。

图 3-1 艺术品

图 3-2 消费品

图 3-3 文物

图 3-4 服饰

图 3-5 食品

图 3-6 水果

在基于二维图像的三维模型重构技术中，软件首先分析图片像素的特征，进行第一次匹配，称作稀疏特征匹配；接着定位图片的位置，并对这些定位好的图片进行第二次匹配，称作稠密特征匹配；最后还原物体的结构，并根据物体还原纹理。照片建模原理如图 3-7 所示。

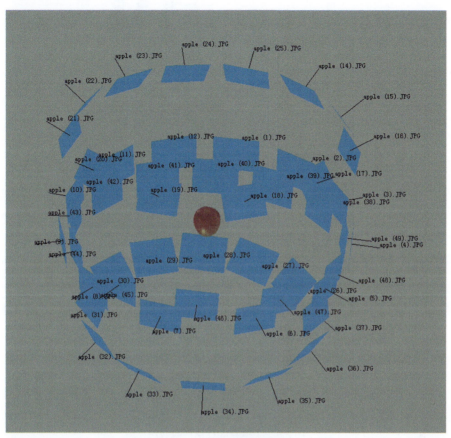

图 3-7　照片建模的原理

☆提示☆

照片有个重要特点，即同一物体在同一环境下拍照时，拍摄的多张照片中每个像素的特征是不变的。照片建模正是利用这个特点根据图像像素的特征对图片进行匹配定位的。

3.1.2　不适合照片建模的物体

在实际拍摄中，我们发现有些物体利用照片建模很难取得满意效果。比如，玻璃制品、镜面物体、结构简单物体、纯色物体、镂空物品、液体物质等都不适合进行照片建模，如图 3-8 所示。

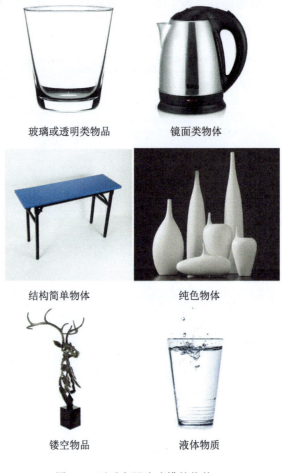

玻璃或透明类物品	镜面类物体
结构简单物体	纯色物体
镂空物品	液体物质

图 3-8　不适合照片建模的物体

3.2　拍照环境及技巧

3.2.1　拍照环境的搭建

照片建模对于拍摄硬件要求可高可低，最低要求仅需一部相机即可。根据实战经验，为大家列出搭建拍照环境的三种标准，如表 3-1 所示。以中等环境为例，一般需要相机一台（推荐 2000 万像素以上的数码单反相机）、三脚架一个、400W及以上闪光灯两盏、引闪器一个、全自动转盘一个、支架一个等。

表 3-1　搭建拍照环境的三种标准

设备＼标准	极简标准	中等环境	专业环境
相机	Y	Y	Y
三脚架		Y	Y
闪光灯		Y	Y
引闪器		Y	Y
转盘		Y	Y
支架		Y	Y
柔光箱			Y
背景布			Y
摄影棚			Y

3.2.2　拍照注意事项

在照片建模中，拍摄照片需要注意以下几点。

（1）需要有一个相对不变的环境。根据照片建模原理，建模需要多张照片的每个像素特征尽可能不变，这就要求在拍摄过程中应保持一个相对不变的环境。环境包括物体的结构，闪光灯强弱，闪光灯位置，相机参数、镜头的焦段等。

（2）拍摄照片时物体所占画面尽可能大，以便获取到更多的像素特征，如图 3-9 所示。

图 3-9　物体所占画面尽可能大些

（3）ISO 值要尽可能小。在相机的参数中有一个很重要的参数叫 ISO，拍摄行家都知道 ISO 越高，照片颗粒感就越强，低 ISO 可使画面细腻。在照片建模中，低

ISO 才是物体本身像素的最佳还原。所以在拍摄时 ISO 应控制在 100 或 100 以下，如图 3-10 所示。

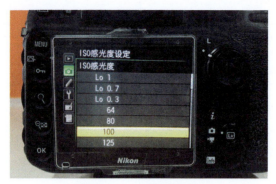

图 3-10　ISO 值的调节

（4）光圈尽可能小，以增加景深，使被拍摄物体在每一张照片中清晰的部分达到最多。

（5）在拍摄过程中相机的参数、闪光灯的参数、相机的镜头或焦段都不要发生变化，以免照片的计算过程中找不到特征点导致模型生成失败。

3.3　照片建模软件

照片建模的软件较多，各有特点。其中 AgiSoft PhotoScan（简称 PhotoScan）是一款优秀的基于二维图像的三维模型重构软件。PhotoScan 利用基于二维图像的三维模型重构技术，可对任意照片进行处理，生成真实坐标的三维模型。这是 PhotoScan 的特色之一，它对于不同拍摄位置的照片毫不挑剔，无论是平面拍摄照片还是空中航拍照片，甚至连高分辨率数码相机拍摄的影像都可以进行处理。

重建过程可按软件设定的步骤全自动完成，也可以根据照片的实际情况进行手动单步操作完成。同时这个软件还有较好的人机交互界面，操作方法简单，模型生成效果优异。在本书中，我们基于 PhotoScan Ver1.3.2 版本进行操作讲解。

照片建模的具体操作分为照片导入、照片计算、生成模型等步骤，其中照片导入包括照片筛选、照片导入等子步骤，照片计算包括蒙版制作、对齐照片、建立密集点云等子步骤，生成模型又分为生成网络、生成纹理等子步骤。

☆提示☆

照片建模操作方法详见 3.8 节实战一。

3.4 全景图概述

全景图是指通过广角的表现手法，将所在位置以大于人眼正常视角或余光视角，甚至360°完整场景范围呈现的影像。全景图把二维的平面图模拟成真实的三维空间，给用户带来身临其境的感觉。

全景图的特点如下。

- ➢ 全方位：全面地展示720°球型范围内的所有景观；
- ➢ 实景：全景图是由照片合成的，有照片的真实性特点；
- ➢ 三维体验：720°的环视能令浏览者仿佛置身三维立体空间，给人以身临其境之感；
- ➢ VR特性：全景图还可以通过VR的方式观看浏览。这是最真实、还原度最高的虚拟现实。

全景图因其诸多的优势，迅速成为各行业拓展业务范围和提高竞争力的有效手段，广泛应用于电子商务、旅游、博物馆、地产、汽车、酒店餐饮等领域。基于全景图的旅游景区漫游、商场导览、样板间展示、汽车展示、活动现场全景纪实等方法已日渐成熟。

☆提示☆

本文所说的全景图环视角度有720°，指的是前后左右及上下。人眼正常视角水平约90°，垂直约70°；人眼余光视角水平约180°，垂直约90°。

3.5 全景图制作设备及软件

全景图可以通过全景设备拍摄出来，也可以通过相机、手机、无人机等设备拍摄后再合成，还可以通过3ds Max等软件制作出来的。

目前市面上全景图拍摄设备有很多，有入门级的一体机，有DIY组合式的单反加鱼眼镜头全暴云台，也有高端如诺基亚虚拟现实摄像头OZO，还有无人机在空中也能拍全景，如图3-11至图3-14所示。

这些设备各有优缺点，理光一体机属入门级，拍摄方便，快速简单，但分辨率较低；OZO分辨率高，效果好，但设备成本过高；无人机设备成本和学习成本都较高；单反相机加鱼眼镜头价格比较适中，操作也很简便。

图 3-11 理光一体机

图 3-12 单反加鱼眼镜头全景云台组合

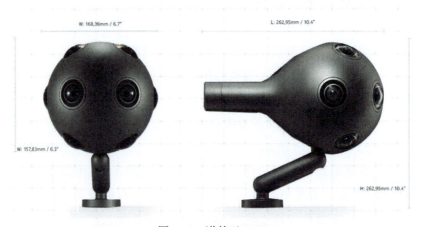

图 3-13 诺基亚 OZO

图 3-14　无人机

单反鱼眼组合包括单反相机、鱼眼镜头、全景云台、三脚架等。本书主要针对单反鱼眼组合和全景云台设备进行讲解。

3.6　全景图拍摄技巧

3.6.1　基本知识

全景图实质上是照片的组合，拍全景图就是拍多张照片用于合成。本文采用单反+鱼眼+全景云台+三脚架的组合。对于单反相机没有特别要求。在镜头方面，使用鱼眼镜头是因为鱼眼镜头角度广，可以一次性拍出更广角度的照片，减少照片拍摄的张数，提高拍摄效率。全景云台有较多选择，功能都是一样的，好的全景云台使用时调节方便，携带时方便收纳。对于三脚架大家司空见惯，建议选择稍专业一点的三脚架，因为全景云台加上单反、镜头后一般会较重，专业的三脚架才能稳稳地架住设备。

3.6.2　角度和张数选择原则

拍摄全景图，需要将相机以镜头作为中心点固定，沿四周方向每个角度进行拍摄，照片之间需要有重叠，将拍出来的照片导入到全景合成软件中去合成，然后将合成好的图片放入到全景图编辑引擎中去进行编辑、发布，之后就可以通过手机、计算机等设备进行查看浏览了。

因为照片之间需要重叠，所以对于角度和张数的选择应遵循以下三个原则。

1. 重叠原则

无论横向还是纵向，要确保相邻照片至少有30%到45%的重叠度；以全画幅相机（成像系数为1）为例，镜头焦距对应的张数与转角关系如表3-2所示。

2. 特殊原则

如果景物的辨识度低（如一面白墙），可适当加大重叠度，但至多不超过50%。

3. 补地原则

不同张数的照片导致对于地面在图中的范围不同，所以应根据地面的情况选择张数。

表 3-2 镜头焦距对应的张数与转角关系

镜头焦距	全画幅相机，成像系数 X1			
	竖拍		横拍	
	360°张数	每张转角	360°张数	每张转角
4.5mm	2 张	180°	2 张	180°
8.mm	3 张	120°	3 张	120°
10.mm	4 张	90°	3 张	120°
10.5mm	5 张	72°	4 张	90°
12.mm	5 张	72°	4 张	90°
15.mm	6 张	60°	4 张	90°
18.mm	7 张	51°	5 张	72°
20.mm	8 张	45°	5 张	72°
24.mm	9 张	40°	6 张	60°
28.mm	10 张	36°	7 张	51°
35.mm	13 张	28°	9 张	40°
40.mm	14 张	26°	10 张	36°
45.mm	16 张	23°	11 张	33°
50.mm	18 张	20°	12 张	30°
55.mm	19 张	19°	13 张	28°
60.mm	21 张	17°	14 张	26°
65.mm	23 张	16°	15 张	24°
70.mm	25 张	14°	17 张	21°

续表

镜头焦距	全画幅相机，成像系数 X1			
	竖拍		横拍	
	360°张数	每张转角	360°张数	每张转角
75.mm	26 张	14°	18 张	20°
80.mm	28 张	13°	19 张	19°
85.mm	30 张	12°	20 张	18°
90.mm	32 张	11°	21 张	17°
95.mm	33 张	11°	22 张	16°
100.mm	35 张	10°	23 张	16°
105.mm	37 张	10°	25 张	14°
115.mm	40 张	9°	27 张	13°
120.mm	42 张	9°	27 张	13°
135.mm	47 张	8°	32 张	11°
150.mm	52 张	7°	35 张	10°
175.mm	61 张	6°	41 张	9°
180.mm	63 张	6°	42 张	9°
200.mm	70 张	5°	47 张	8°
225.mm	79 张	5°	52 张	7°
250.mm	87 张	4°	58 张	6°
275.mm	87 张	4°	58 张	6°
300.mm	105 张	3°	70 张	5°
350.mm	122 张	3°	82 张	4°
400.mm	140 张	3°	93 张	4°
450.mm	157 张	2°	105 张	3°

 3.6.3 其他技巧

全景图的拍摄与普通拍摄有很大的区别。普通拍摄的拍摄角度相对较小，好的作品必须讲究构图；而全景图拍摄讲的就是全景，要拍摄场景的所有角度，因而也不存在构图一说。在全景拍摄时，有各种无法避免的情况，如纯色、有规则色块、规则花纹、不规则花纹等，又如反光、逆光，如图 3-15 至图 3-20 所示。这几种场景在拍摄时需要分别注意以下问题。

> 纯色：为了让后期合成更容易，建议随意在地上撒少许纸屑，以便增加标记点，后期的时候再把纸屑处理掉即可。

> 有规则色块：建议三脚架不要放在两个色块交界，以避免增加后期工作量。

> 规则花纹：三脚架放在可以其中一个规则花纹处，后期补地的时候可以将其他的色块复制过来使用。

> 纯色反光：尽量减少反光带来的不利因素，如避开强反光区域，三脚架放置处避开反光复杂区域等。

> 对于一些特殊环境，就需要多拍摄，找出其中的规律，如大光差环境需要采用HDR方式进行拍摄，演唱会等变化较大的场景一定要使用鱼眼镜头，否则拼合出来的全景图会出现很多小瑕疵。以下给出大光差、夜晚、演唱会等特殊环境的样例图，如图3-21至图3-23所示。

图3-15 纯色

图3-16 有规则色块

图3-17 规则花纹

图3-18 纯色反光

图3-19 规则花纹反光图

图3-20 拼花

图3-21 大光差

图3-22 夜晚

图3-23 演唱会

3.7 全景图合成及后期制作

全景图合成软件较多,其中 PTGui 是目前功能强大、使用人数较多的一款全景图制作工具。它可以将不同的图片拼接制作成一张全景图片。通过简单拖放和少量命令操作即可将照片进行拼接,且拼接效果完美无缝。PTGui 拥有丰富的功能,支持多种视图和映射方式,可以自行修改和添加控制点来提高拼接的精度,也可以通过蒙板功能避开拍摄上的瑕疵,支持多种格式的图像文件输入。本书以 PTGui 软件来讲解全景图的合成。

☆提示☆

全景图拍摄与制作方法详见 3.9 节实战二。

3.8 实战一:拍摄苹果并制作成 VR

【目标】拍摄一个物品(以苹果为例),进行照片建模。

【人员】以团队为单位来完成,2~3 人为一组组成团队,设队长一名。角色有:摄影师、摄影助理、设计师等,团队成员应共同协作完成项目。

【时间】应在 4 小时内完成。2 小时内完成为优秀,2~4 小时完成为合格。

3.8.1 拍摄照片

本实战项目以苹果为拍摄对象,摄影采用中等拍摄环境,所需要的设备清单如表 3-3 所示。如图 3-24 所示为设备实物图。

表 3-3 设备清单

编号	名称	品牌型号	是否必需
1	数码单反相机	尼康 D810 一台	√
2	微距镜头	尼康 90mm 镜头(拍摄小物件时采用)	√
3	三脚架		√
4	闪光灯	400W 功率的闪光灯两盏	×
5	引闪器		×
6	多功能转盘	深圳康信,一台	×

☆提示☆

多功能转盘可以使用遥控器或手机 APP 进行控制,可以设定每次转动度数、转次次数等参数,设定完成并开始转动时,转盘可以在每次转动完成后自动触发相机快门进行拍照。使用多功能转盘可以大大提高拍照效率。

图 3-24　实际使用的设备

1．准备工作

(1)相机安装好镜头,放置到三脚架上。

(2)引闪器安装到相机热靴上。

(3)闪光灯放置在相机左右两侧。

(4)将苹果放到转盘上,转盘通电,信号线连接到相机快门上。拍摄环境示意图如图 3-25 和图 3-26 所示。

2．拍摄工作

拍摄工作是对苹果进行上中下 3 圈的拍摄。

(1)将相机模式调至 M 档,ISO 值调到 100,光圈调至 25 左右,快门调至 1/10 秒。

(2)将相机高度调整与苹果在同一平面,准备进行中间一圈的拍摄。

(3)试拍一张,根据拍摄效果微调快门或光圈直至合理曝光。

(4)设置转盘为每 30°拍摄一张,拍摄数量为 12 张。

(5)按转盘上的开始,相机开始拍摄第一张,拍完第一张后转盘自动转 30°后拍摄第二张,直至 12 张全部拍完。

(6)升高相机高度,拍摄苹果的顶端,此时相机与苹果的角度约 45°。

(7)按照步骤(4)和步骤(5)的同样方法,拍摄苹果的顶端这一圈。

（8）拍摄完成后，相机不动，将苹果翻转至底朝上。按照步骤（4）和步骤（5）的同样方法，拍摄苹果的底端这一圈。注意：翻转时，苹果保持中心点不要移动。

（9）至此，拍摄工作初战告捷！小小地祝贺一下。

图 3-25　拍摄环境示意图（1）　　　　图 3-26　拍摄环境示意图（2）

☆提示☆

拍摄一个苹果，可以通过上中下三圈进行拍摄，上圈和中圈拍摄完成后，可以将苹果翻转倒置完成下圈的拍摄。因为在翻转的过程中，苹果的形状是不会发生变化的，所以软件可以通过像素特征正确识别并匹配照片，完成三维模型的正确计算。

在拍摄苹果时，采用三圈拍摄方法在拍摄时简单方便，易于理解操作，熟练掌握后，我们还可以采用物体放大法，采用顶部加底部各1张，中间一圈12张，上下两圈6张的方法，这种方法仅需要26张，减少了照片张数，提高了效率，同样也能将苹果完美地建模出来。供学有余力的同学课后尝试。

3.8.2　导入照片

操作步骤：打开 PhotoScan 软件，单击菜单栏"工作流程"→"添加照片"命令，如图 3-27 所示。我们可以一次性将所有照片导入进来，如图 3-28 所示。

图 3-27 添加照片

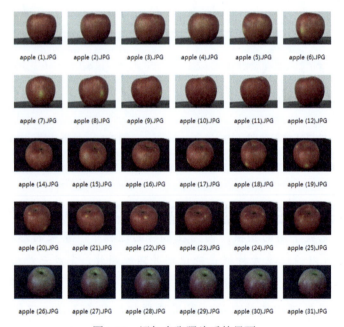

图 3-28 添加多张照片后的界面

3.8.3 照片计算

1. 对齐照片

照片导入之后就可以进行计算了,首先是对齐照片。操作步骤为:单击菜单栏"工作流程"→"对齐照片"命令,如图 3-29 所示。

此时软件会打开"对齐照片"对话框,如图 3-30 所示。单击"精度"右侧向下三角形会出现下拉列表,有"最高""高""中""低""最低"5个选项供选择。其中,选项"最高"是将软件计算出来的每个像素点都采纳用以对齐照片;选项"高"是在2个像素点中只采纳1个点进行对齐照片;选项"中"是在4个点中选择1个点进行对齐;选项"低"是在8个像素点中选择1个点进行对齐;选项"最低"是在16个像素点中选择1个点进行对齐,精度越高,获得的像素点越多,对齐的效果越好,但所需的时间也就越长。

 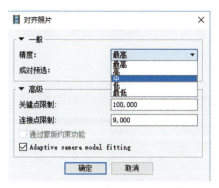

图 3-29 对齐照片　　　　　图 3-30 "对齐照片"对话框

接下来是"关键点限制"和"连接点限制"的参数设置。根据拍摄对象的不同,所设定的值也不一样,大部分情况下使用默认值即可,同时"连接点限制"的参数一般是"关键点限制"的十分之一左右。

设置完"对齐照片"的各选项之后,单击"确定"按钮会自动弹出"处理进度"对话框,如图 3-31 所示。在进度条计算完之前是不能进行下一步操作的。

2. 建立密集点云

"对齐照片"之后是"建立密集点云"的计算。步骤:单击菜单栏"工作流程"→"建立密集点云"命令,如图 3-32 所示。

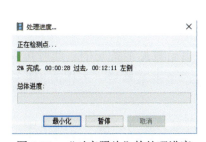 

图 3-31 "对齐照片"的处理进度　　　图 3-32 建立密集点云

打开"生成密集点云"对话框,如图3-33所示。单击"质量"右侧向下三角形会出现下拉列表,有5个选项,分别是"最低""低""中""高""超高"。其中"最低"选项是在16个像素点中选择1个点进行生成,选项"低"是在8个像素点中选择1个点进行生成,选项"中"是在4个像素点中选择1个点进行生成,选项"高"是在2个像素点中选择1个点进行生成,选项"超高"是将每个像素点都进行生成。质量越高,获得的像素点越多,生成的密集点云的效果就越好,所需的时间也就越长。一般选择"中"即可。

"深度过滤"默认选择"进取"选项,如图3-34所示。

图3-33 "质量"的设置

图3-34 "深度过滤"的设置

设置完"生成密集点云"的各选项之后,单击"确定"按钮会自动弹出"处理进度"对话框,如图3-35所示。在进度条计算完之前是不能进行下一步操作的。

图3-35 "生成密集点云"的处理进度

3.8.4 生成模型

1.生成网格

密集点云生成完成后,生成模型所需的点云数据准备完毕,此时可以生成模型了。生成模型从"生成网格"开始。步骤为:单击菜单栏"工作流程"→"生成网格"命令,如图3-36所示。

弹出"生成网格"对话框,如图3-37所示。在"一般"选项组中,"表面类型"有2个选项,一般默认选择"任意"。

图 3-36　生成网格

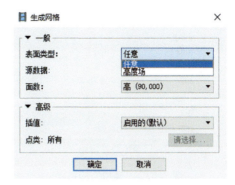

图 3-37　"表面类型"参数设置

"源数据"有 2 个选项，如图 3-38 所示，其中"疏点云"选项最终呈现的模型比较粗糙，"密集点云"选项最终呈现的模型比较精细。

"面数"有 4 个选项，如图 3-39 所示，选择下拉列表中出现的"高"、"中"、"低"或者"自定义"，对应的就是模型网格的密度。

图 3-38　"源数据"的设置

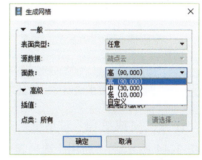

图 3-39　"面数"的设置

在"高级"选项组中，"插值"有 2 个选项，如图 3-40 所示。一般选择默认的"启用的（默认）"选项。

单击"点类：所有"的"请选择"按钮会弹出一个勾选各种场景的对话框，如图 3-41 所示，默认即可。

设置完"生成网格"的各选项之后，单击"确定"按钮会自动弹出"处理进度"对话框，如图 3-42 所示。在进度条计算完之前是不能进行下一步操作的。

2. 生成纹理

"生成网格"设置完之后进行"生成纹理"的设置。步骤：单击菜单栏"工作流程"→"生成纹理"命令，如图 3-43 所示。

图 3-40　"插值"的设置　　　　　图 3-41　"点类"的选择

图 3-42　"生成网格"的处理进度　　　图 3-43　生成纹理

打开"生成纹理"对话框。在"一般"选项组中的"映射模式"有 6 个选项，如图 3-44 所示，"通用"选项覆盖以下 5 个选项，默认选择"通用"选项。

"混合模式"有 5 个选项，如图 3-45 所示，默认选择"马赛克（默认）"选项。

图 3-44　"映射模式"的设置　　　图 3-45　"混合模式"的设置

"纹理大小 / 数"设置数值和倍数，如图 3-46 所示。其中数值设置是 2048 的倍数，如 2048、4096、8192 等；倍数默认选择 1。

设置完"生成纹理"各选项之后,单击"确定"按钮会自动弹出"处理进度"对话框,如图 3-47 所示。在进度条计算完之前是不能进行下一步操作的。

图 3-46　"纹理大小 / 数"的设置　　　　图 3-47　"生成纹理"的处理进度

至此,全部计算完成,此时可以将工程文件进行保存,单击菜单栏"文件"→"另存为"命令。文件保存格式为 PSZ,可长期保存且可以复制到其他计算机进行再次编辑操作,如图 3-48 所示;如果为保存 PSX 格式,只有自己的计算机能再次编辑。

图 3-48　导出格式为 PSZ

也可以根据需要直接导出模型,操作步骤:单击菜单栏"文件"→"导出模型"命令。如果选择保存类型为 OBJ 格式,系统会自动将计算出来的 OBJ 模型和纹理图片同时导出。

3.8.5　导入平台

(1)使用谷歌浏览器打开 www.11dom.com,进入 VR 平台。注册账号登录后,单击页面中"创建物体"按钮,进入 Web VR 编辑器界面。

(2)在编辑器中选择"物体"选项卡,并在"控制栏"中单击"上传物体"按钮,如图 3-49 所示。

(3)在弹出的窗口中找到并打开从 PhotoScan 中导出的 OBJ 文件,打开模型文件,如图 3-50 所示。

(4)单击纹理后面的小方格,再单击弹出来的贴图位置,可以上传贴图文件,如图 3-51 所示。

虚拟现实实用教程

图 3-49　上传物体

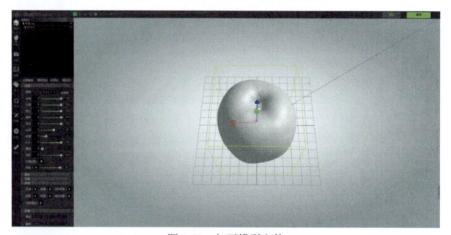

图 3-50　打开模型文件

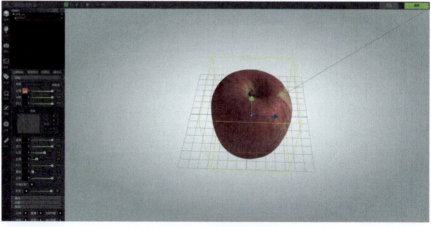

图 3-51　上传贴图文件

（5）可适当调节灯光亮度，设置个人喜欢的背景，然后单击右上角"保存"按钮，在弹出的窗口中选择上传后保存的文件夹、输入名称，选择行业及分类，输入制作时长、制作方式、文件格式、文件大小、服务描述后，单击"立即提交"按钮，即完成物品模型导入到 VR 平台的全过程。

（6）让我们来欣赏一下自己的作品，如图 3-52 所示，可单击分享使用手机扫描二维码，在手机端、平板端进行查看浏览或转发给朋友、发布到朋友圈。是不是喜悦之情油然而生？

图 3-52　分享作品

☆提示☆

在 VR 编辑过程中，浏览器的选择很重要。因谷歌浏览器对于 VR、Web VR 均有全面的支持，所以在 VR 编辑时，推荐使用谷歌浏览器。

3.9　实战二：拍摄全景图并制作成 VR

【目标】拍摄一个物品（以苹果为例），进行照片建模。

【人员】可独立完成，也可以团队为单位来完成，2 人为一组组成团队，设队长一名。角色有：摄影师，摄影助理，团队成员应共同协作完成项目。

【时间】应在 4 小时内完成。（2 小时内完成为优秀，2～4 小时完成为合格。）

3.9.1　拍摄全景图

本实战项目使用数码单反相机拍摄全景图。设备清单如表 3-4 所示，实物如图 3-53 所示。

表 3-4　设备清单

编号	名称	品牌型号	是否必需
1	数码单反相机	尼康 D7200 一台	√
2	镜头	尼康 10-20 广角镜头一枚	√
3	全景云台	常用全景云台	√
4	三脚架	常用三脚架	√
5	无人机	大疆精灵 4PRO（仅航拍时需要）	×

图 3-53　设备实物图

1．准备工作

（1）给相机安装好镜头，并与全景云台、三脚架连接固定好。

（2）根据全景云台按操作说明调节横向节点，如图 3-54 所示。

（3）调节纵向节点，如图 3-55 所示。

（4）使用焦段 12mm 和 M 档，根据现场光线正确调节光圈、快门、IOS 值等参数。

2．拍摄工作

（1）焦段 12mm 的镜头非全画幅镜头需要拍摄 7 张，水平一圈按每 51°1 张进行拍摄，再将镜头向上拍 1 张，向下拍 2 张即可。

（2）无人机拍摄时以大疆精灵 4PRO 为例，首先选择 M 档进行拍摄，调节好相机的快门、光圈、ISO 值后，依次选择"相机"→"拍摄模式"→"全景"→"球形全景"命令，此时相机的快门会变成全景模式，按快门开始拍摄后，无人机会自动在所在位置的 360°范围进行拍摄，拍摄完成无人机会自动悬停。

（3）拍摄完成，将图片导入到软件 PTGui 中进行计算合成。

第三章 采集与建模：初探 VR 造物造景奥秘

图 3-54 调节横向节点

图 3-55 调节纵向节点

3.9.2 加载图像

打开软件 PTGui 进入主界面。全景图的合成只需要 3 步即可完成，并不复杂。

首先是加载图像，用户可通过单击"1.加载图像…"按钮进行加载图像，也可以通过直接将需要拼接的图片拖拽到主界面上完成加载图像，如图 3-56 所示。

图 3-56 加载图像

3.9.3 对准图像

图像加载完成后,需要对准图像,即要将图像按照其所在位置进行对准。单击"2.对准图像…"按钮,系统开始自动对准所有图片,如图 3-57 所示。

图 3-57 对准图像

对准图像时,如果拍摄方法得当,一般情况下都能正确对准,效果如图 3-58 所示。如果有出现错误提示,请根据提示进行操作。

图 3-58 对准图像的效果图

3.9.4 创建全景图

对准图像后,按钮下方会出现提示"参阅控制点助手查看详细内容",这时可单击"控制点助手"按钮进入到控制助手中查看。如果控制点助手提示"足够的控制点",表示这张全景图可以被创建,否则,则需要根据"控制点助手"提示进行增加或修改控制点。

在图 3-58 中,提示有足够的控制点,这时就可以创建全景图,输入全景图的宽度和高度,再单击"3.创建全景图…"按钮,全景图就被创建出来了,如图 3-59 所示。

图 3-59 单反相机拍摄的照片合成的全景图

用同样的方法,将无人机拍摄的图片导入到 PTGui 中,合成结果如图 3-60 所示。

图 3-60 无人机拍摄的照片合成的全景图

从图中可以看出,无人机拍摄的照片中天空是缺失的,而单反相机拍摄的照片中地板上有三脚架的影子,这是因为无人机拍摄的时候,镜头在下方,拍摄时无法避开无人机机身导致的,而单反相机在拍摄时是由三脚架支撑起来的,拍摄的时候一定会拍到三脚架。

3.9.5 全景图补天

无人机拍摄的照片合成的全景图天空缺失，肯定无法使用，所以我们必须进行补天操作，此时我们需要用到 PS 工具和天空素材。天空素材可以由单反相机在无人机正下方拍摄取天空的办法，也可以直接从网络上寻找相似的素材进行补天操作。

用 PS 工具打开无人机拍摄的照片合成的全景图和天空素材，将天空素材拉到全景图中，在天空素材图片上新建一个蒙板，再使用渐变工具进行天空与全景图的融合即可。最后调整一下整张图片的色彩及明暗度就变成一张完整的全景图了，效果如图 3-61 所示。

图 3-61　用 PS 工具对全景图补天的效果图

3.9.6 全景图补地

同样，地板上的三脚架也需要处理掉。这里借助 PS 和其中的插件工具 Flexify。

打开单反相机拍摄的全景图，复制一个图层，再通过 Flexify 进行天地变形后，就可以看到全景图的顶和底被独立出来了，如图 3-62 所示。此时只需要用 PS 里常用的图章工具进行处理即可。处理完成后再把天地变形回来就可以了，如图 3-63 所示。

图 3-62　全景图天地变形（1）

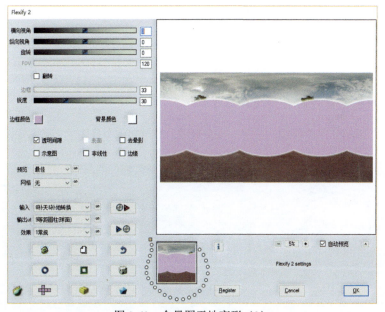

图 3-63　全景图天地变形（2）

3.9.7　将空间导入 VR 平台

（1）使用谷歌浏览器打开 www.11dom.com，进入 VR 平台。在"个人中心"界面中单击"创建全景"按钮。

（2）单击"场景列表"中的"+"按钮，在弹出的窗口打开素材文件，如图3-64所示。

图 3-64　打开素材文件

☆提示☆

图片支持 JPG 和 PNG 格式的文件，图片的长宽为 2∶1，如 2048×1024 像素，同时也支持 6 张图格式的天空盒标准。

（3）单击下方的"+"按钮，选择一张全景图，即可完成全景图的上传，如图 3-65 所示。

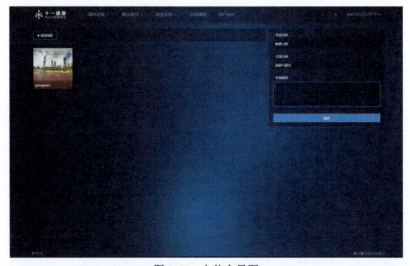

图 3-65　上传全景图

（4）根据需要对其他选项进行调节设置，单击右上角"保存"按钮即可完成全景图的上传。保存完成后可以在个人中心中单击这个作品进行查看。也可以通过手机扫描分享的二维码进行查看，二维码如图 3-66 所示。

（5）用同样的方法，我们再把无人机拍摄的全景图上传到 VR 平台，扫描图 3-67 所示的二维码，就可以通过手机观看了。

图 3-66　分享全景图的二维码（1）

图 3-67　分享全景图的二维码（2）

☆提示☆

　　如何欣赏全景图：全景图是多张普通照片拼接起来的，在欣赏时看拼接是否正确，是否有错位现象，有无明显接痕；如果是航拍的全景图，要注意看天空与地面的衔接处过渡是否自然；地面拍摄的全景图要注意看去除三脚架后的地面是否完美。

第四章

对象与场景：构建梦想世界

本章目标

1. 了解实体模型的基本结构
2. 了解实体模型的各种贴图
3. 了解物体光照
4. 掌握如何编辑实体模型
5. 掌握如何对一个模型进行UV展开

4.1 实体模型

通常定义实体模型（Entity）是一个三维的三角网数据，确切地说是在三角形所确定三个数据点的数据基础上，由一组通过空间位置，在不同平面内的线相互连接而成的数据。实体模型是建立三维模型的基础。实体模型的造型方法在 20 世纪 70 年代发展起来，目前常用的实体造型系统有 Parasolid 系统、ACIS 系统等。实体模型技术广泛地应用于 CAD/CAM、计算机艺术、广告、动画等领域。

在虚拟现实中，实体模型是指某个实物的映射。每个实体模型都代表着一个存在于现实或者想象中的实体。按运行状态，实体模型有静态和动态之分。一个静态模型至少由网格、纹理、材质和光照等元素组成，而一个动态模型则是在静态模型的基础上再加入骨骼、动画和物理效果等元素。

4.2 实体模型的网格

网格（Mesh）是组成实体的重要部分，它描述了一个实体的外部表现形态。一个苹果的网格如图 4-1 所示。

从图中可以看出，网格上有非常多的小三角形。事实上，每一个网格都是由若干个多边形组成的。组成多边形的每个点称为网格的顶点，顶点与顶点之间的连线称为网格的边，每个多边形称为网格的面。在实际的应用中，网格的面越多，则模型的精度就越高，但是相应地使用该模型进行实时渲染的速度就越慢。在 Web VR 中，由于性能和速度的限制，一般来说，网格的面应该控制在 20 000 个以下。

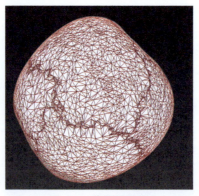

图 4-1　苹果的网格

如果组成网格的所有多边形都由 n 个顶点组成，则称该网格为 N 角网格。其中三角网格是最简单最常用的网格结构，任何网格结构最终都可以转换为三角网格，图 4-1 中的苹果就是一个三角网格，因此本书只讨论三角网格。

☆提示☆

因为在三维网格中，每个顶点都拥有一个坐标，那么每条边也都拥有一个长度。在 Web VR 中，建议将 1 单位长度定义为 1cm。在游戏开发中，建议将 1 单位长度定义为 1m。

4.3 实体模型的贴图

事实上，描述一个实体模型不仅可以使用三维坐标系，还可以使用二维坐标系。如果将网格中的每个点都按照一定的规律映射到二维坐标系（一般称为 UVW 坐标系，或者称为贴图坐标系）中，那么就可以得到一张二维的、平铺的网格图，这个过程称为 UVW 展开，不过由于 UVW 坐标系中的 W 轴一般不使用，所以 UVW 展开常简称为 UV 展开。UV 展开的结果图称为 UV 贴图（UV Mapping），也可以简称为贴图（Mapping）。图 4-1 所示的网格可以展开为如图 4-2 所示的贴图。

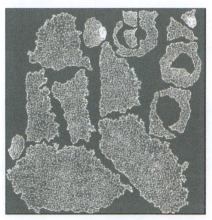

图 4-2　苹果网格的展开贴图

可以看出，UV 贴图的每个面与三维显示的网格的面一一对应。如果我们将其中的一个面染成绿色，则可以看到三维模型上所对应的面也会显示为绿色，如图 4-3 所示。

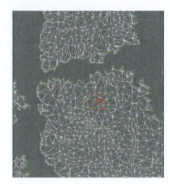

图 4-3　贴图与三维网格

☆提示☆

贴图是一种三维网格的映射方式，其英文名 Mapping 可以理解为映射。事实上，贴图的每个点都与组成三维网格的每个点（不单指顶点）一一对应。贴图精度越高，则模型显示就越精细，渲染速度也相应变慢。在现代虚拟现实应用中，贴图的精度通常使用 2048 像素或者 4096 像素。

4.3.1　实体模型的纹理贴图

纹理（Texture）是实体的外在表现。图 4-1 所示的苹果只是一个空白的球，除了样子像苹果以外没有任何苹果的外部特征。这就是没有纹理所导致的。而在图 4-3 中为苹果的某一个面染上了绿色，这使得这个实体模型有了一丝苹果的感觉。如果我们继续按照贴图中的网格为苹果的每个面都染上正确的颜色，就可以看到如图 4-4 所示的效果。

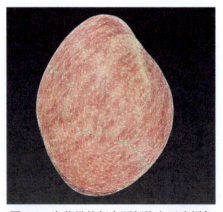

图 4-4　为苹果的每个面都染上正确颜色

担是这样看似乎还是有点奇怪,如果去掉网格线,这就是一个苹果的模型,如图 4-5 所示。

组成这些面的所有颜色称为纹理。纹理一般是以贴图的形式表现出来的,所以纹理的贴图表现也被称为纹理贴图(Texture Mapping)。由于纹理贴图是纹理最常用的表现形式,所以如果没有特别说明,一般的"纹理"都是指纹理贴图。如图 4-6 所示为苹果的纹理贴图。

图 4-5　去掉网络线的效果

图 4-6　苹果的纹理贴图

☆提示☆

这种贴图在第三章中使用 PhotoScan 是可以直接导出的。在实际生产过程中,只需要进行简单的修改即可。

4.3.2　实体模型的法线贴图

观察图 4-4 可以看出,组成苹果的每一个面都是平的。苹果凹凸不平的效果都是由网格组成的,每个凹陷(比如苹果的头部)或者凸起都由若干个面共同组成。那么,模型越不平整,所需要的面就越多。

由于计算机计算速度的限制,每个模型的面数不宜超过 2 万个。那么,猜测一下,显示一个如图 4-7 所示的高精度浮雕模型需要多少个面呢?答案是 400 万个面。如果要将此网格导入到任何一个包含实时计算的虚拟现实应用中,都会导致 GPU 超载,就更别谈将其显示出来了。于是,我们需要一些特殊的技巧——法线。

法线是一个垂直于面的单位向量,它表示着每一个面的朝向,如图 4-8 所示。它可以简单地理解为模型的表面走向。

图 4-7　高精度浮雕模型

图 4-8　面的法线

模型中的每个点都可以求出法线。由于法线是向量，所以可以表示为一组三维坐标值（x, y, z），且由于法线为单位向量，故每个坐标的取值范围可以控制在 0 到 1 之间。如果用 x 代表红色的含量，用 y 代表绿色的含量，用 z 代表蓝色的含量，就可以将每个点的法线转换为对应的 RGB 颜色，将其显示在贴图中，这就是切线空间法线贴图（Tangent Space Normal Mapping）。这种法线贴图最常用，一般情况下，法线贴图指的就是切线空间法线贴图，其 UV 坐标是基于物体的，如图 4-9 所示。

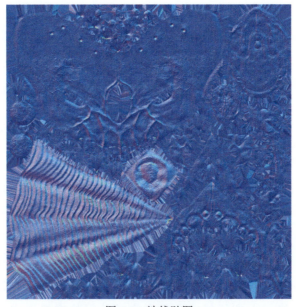
图 4-9　法线贴图

法线贴图可以描述一个模型表面的凹凸程度。图 4-7 的示例中，需要几百万个面才能组成的网格就可以通过法线贴图简化。使用如图 4-10 所示的模型，仅仅需要由 500 个面组成低精度模型加上法线贴图就可以实现几乎完全相同的效果。

图 4-10　模型的对比

☆提示☆

　　法线贴图通常只用来表现模型细微的起伏变化，可以将之称为"微平面"。如果需要表现大块的模型结构还是应该使用"网格"来表述。通常，将同一个实体模型的高精度网格称为"高模"，而将低精度网格称为"低模"。

　　另外，表述微平面的方法并不只有法线贴图，常用的还有高度贴图和凹凸贴图，在此不再赘述。

☆提示☆

　　切线空间法线贴图虽然看起来是按照模型坐标生成的，但是它和模型坐标法线贴图并不是一回事。还有一种法线贴图，其 *UV* 坐标是基于世界坐标系的，这种法线贴图被称为世界坐标法线贴图（World Space Normal Mapping）。总的来说，世界坐标法线贴图只要观察方向旋转就会失效，而模型坐标法线贴图只要低精度模型相对于高精度模型而言有形变就会失效。而切线空间法线贴图则可以几乎在任何情况下适用。所以，我们平时生成的，称为法线贴图的都是切线空间法线贴图。

4.3.3　实体模型的光照贴图

　　现实物体在接受光照的时候，总会产生阴影。阴影可以简单地理解为光照不到的地方。而在计算机中，如果总是实时计算每一个模型的阴影，那么 GPU 负载会非常大。所以在实际的生产中，会使用类似法线贴图的方法，将网格中的每个点接受光照的程度都以 RGB 的方式反映到贴图上，形成的结果就叫光照贴图（Light Mapping）。如图 4-11 所示为一个柜子的光照贴图。

　　光照贴图的主要目的是用来计算阴影的，所以又称为阴影贴图。而制作光照贴图的方法则被称为"烘焙"。

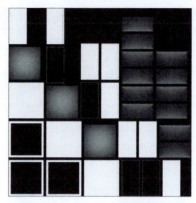

图 4-11　一个柜子的光照贴图

4.3.4　实体模型的环境光遮蔽贴图

在有了纹理贴图、法线贴图和光照贴图之后,一个实体模型就可以很好地在虚拟空间中显示了。但是如果一个物体处于均匀的光照环境中,就会出现一点小问题,观察如图 4-12 所示的例子。

图 4-12 中的龙,如果只有环境光,正常来说龙背会被龙头遮蔽一部分光线,也就是说龙背应比龙头更暗才对。

尽管只是这种细微的差别,但是如果要使用实时计算来做的话,GPU 也会超载。所以,又轮到贴图登场了——环境光遮蔽贴图(Ambient Occlusion Mapping,简称为 AO 贴图),这是一种用来计算环境光被物体如何遮蔽的渲染技术。

虽然 AO 贴图和光照贴图类似,但是,AO 贴图表示的是结构与附近物体的光影交互情况。图 4-12 中的龙加入环境光遮蔽效果,则会显示为如图 4-13 所示的样式,显得更为协调。

图 4-12　无环境光遮蔽的模型

图 4-13　有环境光遮蔽的模型

环境光遮蔽是在保证速度的前提下，解决漏光、角落显示不清晰、物体层次不明确等问题的方案。

☆提示☆

环境光遮蔽的渲染是基于GPU的，也就是说，它是硬件渲染的一种。在使用之前，一定要注意目标用户的计算机是否拥有一个支持环境光遮蔽的GPU。简而言之，在Web VR中，由于为了照顾大多数用户，不建议使用环境光遮蔽。

环境光遮蔽贴图和光照贴图是两种完全不同的贴图形式，但是它们拥有一定的共性——渲染阴影。所以，如果并不需要阴影，那么这两种贴图都没有用处。而它们的区别看似非常麻烦，其实可以用以下简单的方法来概括。

➢ 如果需要渲染的是物体内部的阴影，那么需要环境光遮蔽贴图；
➢ 如果需要渲染的是物体照在地上的阴影，那么需要光照贴图。

4.3.5 贴图小结

每一种贴图都反映了物体与光是如何相互作用的，根据贴图的种类可以做出以下总结。

➢ 纹理贴图决定了物体的主要颜色；
➢ 法线贴图决定了物体的起伏状态；
➢ 光照贴图决定了阴影的表现形态；
➢ AO贴图决定了模型的明亮度。

当然，贴图的种类远不指这些，可以在本章的实战中继续学习和体会。

4.4 实体模型的材质

对于同一种材质组成的模型，其纹理、法线等都极为相似，于是，在生产过程中，将一组拥有共同纹理、法线、光照等元素的集合称为材质（Material）。材质的组成是随意的，它可以只有纹理，或只有法线，或是上述元素的集合。

材质通常表达在一个球状网格上，这个球被称为"材质球"。在各种VR编辑器中，基本都拥有默认的材质库，如图4-14和图4-15所示分别是Substance Painter和Web VR的材质库，使用这些材质库可以让开发更加快捷。

图 4-14 Substance Painter 的材质库

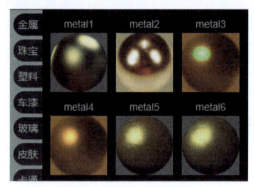

图 4-15 Web VR 的材质库

4.5 光照

视觉感知是人类认识虚拟世界的最重要的表现形式。如果没有光,则人类无法通过视觉感知到物体,所以光照对于认知世界具有非常重要的意义。如图 4-16 所示给出了光的表现形式。

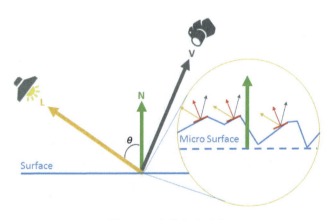

图 4-16 光的表现形式

为了模拟光,首先需要知道现实中的光是如何产生的。现实世界的光是由大量被称为"光子"的基本粒子组成的。光子既有"粒子性",又有"波动性"(光的波粒二相性）。如果虚拟世界试图使用计算机模拟现实的光子运动形式，即使是最强大的计算机也无法支持。所以，需要数学模型来模拟光照效果。

从数学的角度来讲，光照效果就是颜色的变化。其本质是有光照到的地方，像素点的亮度高；无光照的地方，像素点的亮度低。在光照的数学模型中，主要模拟了三种自然现象，即"环境光""漫反射""镜面反射"。常见光源的类型有"环境光""泛光灯""平行光""聚光灯"等。

4.5.1 环境光

环境光的表现形式接近于晴天户外光照效果。阳光透过大气层照射在地面上，虽然有一部分光被遮挡，但是即便在阴影中也不是一片黑暗。原理是由于光的漫反射，就算在阴影中，物体也会被在其他物体的表面产生的漫反射光所照射发光。

所以，在虚拟世界中，环境光（Ambient Light）被建模为一个没有光源、没有方向且对场景中的所有物体产生相同的照亮效果的一种光。无光源指的是环境光来自四面八方，任何一个物体都无法阻挡环境光。无阴影指的是环境光会照亮场景中的每个像素点，任何物体（除了 AO 贴图这类针对环境光的贴图）都不可能阻挡环境光，所以环境光在正常情况下无法产生阴影。而无亮度区分则表示环境光对所有像素点一视同仁，并不会因为任何原因而产生明暗变化。

在绝大多数虚拟世界的场景中，环境光是最重要的辅助光源。大量使用优美的环境光可以让画面显得更加明快。比如，有些场景使用大量紫色的环境光，用以突显卡通柔和的风格。

环境光的属性一般来说有两个，颜色表示光的颜色，强度表示光的强度，如图 4-17 所示为在 Xenko 引擎中环境光设置界面。

图 4-17 Xenko 引擎中环境光设置界面

4.5.2 平行光

平行光（Directional Light）是户外场景中非常重要的一种光，也是户外场景中产生阴影的主要光源。在现实世界中,最重要的平行光就是太阳光,平行光的光源是一个矩形的平面。

平行光会产生阴影,但由于产生阴影需要非常多的计算资源,所以一部分对性能要求较高的虚拟现实应用(比如 Web VR)中,一般不让平行光产生阴影。但是,即使不产生阴影,平行光还是会和光照贴图互动的,在物体的表面显示出明暗不同的区域。平行光在 Web VR 引擎中的体现如图 4-18 所示。

平行光的主要属性有颜色、强度、光照目标、深度等。其中,平行光的光照目标可以理解为平行光以何种角度照射物体,平行光的深度可以理解为光在照射到多远就会消失。如图 4-19 所示为 Web VR 引擎中平行光设置界面。

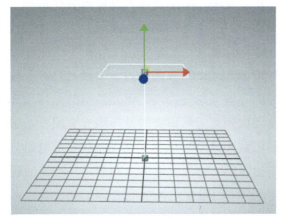
图 4-18　平行光在 Web VR 引擎中的体现

图 4-19　Web VR 引擎中平行光设置界面

☆提示☆

在没有特别说明的情况下,平行光是不衰减、不发散的。也就是说,平行光的照射范围其实是一个立方体。而在这个立方体中,只要没有物体阻挡,所有点的光强度和颜色都是完全相同的。

4.5.3　聚光灯

聚光灯经常用来模拟路灯或者手电筒所发生的光,是在指定方向发出一道锥形光的光源。聚光是室内产生阴影的主要光,在没有遮挡的情况下,其表现形式如图 4-20 所示。

聚光灯的属性通常有颜色、范围、距离、目标、衰减系数等。其中,光的范围有的引擎用光锥投影所呈现的圆的半径来表示，有的引擎也会使用顶角的角度来表示。光的距离用来表示光可以照射多远。聚光灯一般都有一个衰减系数，照得越远，光的亮度就越低。Web VR 引擎中聚光灯的设置界面如图 4-21 所示。

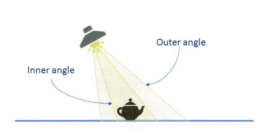
图 4-20　聚光灯光源所发出的光

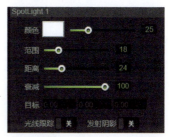
图 4-21　Web VR 引擎中聚光灯的设置界面

4.5.4　泛光灯

泛光灯（Point Light）又称作点光灯或全向光源。它的光源是一个无限小的点，在没有任何物体遮蔽的情况下，其发出的光会向所有方向均匀地扩散出去。泛光灯的光照模型如图 4-22 所示。

图 4-22　泛光灯的光照模型

泛光灯在虚拟现实游戏应用中比较常用，常用来表示灯泡或者台灯等，其属性与聚光灯基本一致，在此不再赘述。

4.5.5　体积光

体积光（Light Shafts）是一种光的类型，由于光照射在遮光物体上而产生的放射性泄漏，会给人造成空间的感觉，所以被称为体积光，也被称为上帝之光（God Ray）。光照效果如图 4-23 和图 4-24 所示。

图 4-23　现实世界中的体积光

图 4-24　虚拟世界里的体积光

4.5.6　天空盒光源

天空盒光源（Skybox Light）是环境光的一种。不同于普通的环境光，天空盒光源的颜色取决于天空盒（天空盒的定义见 4.5.7 节）。如图 4-25 所示，照射在茶壶的每个点上的光的颜色都取决于天空盒上发出这道光的点的颜色。

图 4-25　天空盒光源

相比于最早的环境光技术，天空盒光源可以创造出更加真实的场景，效果如图 4-26 所示。

普通的环境光照在塑料上　　使用天空盒光源照在塑料上　　使用天空盒光源照在金属上

图 4-26　天空盒光源的显示效果

4.5.7　场景和天空盒

场景（Scene）是指物体所在的三维空间，即在虚拟空间中的一切内容，如包含在其中的环境、物体、装饰品等。而包含整体场景、用以显示环绕模型周边环境的纹理则被称为天空盒（Skybox），如图 4-27 所示。

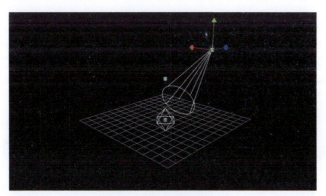

图 4-27　场景和天空盒

☆提示☆

天空盒是一种特殊的纹理。在大部分引擎中，都将天空盒视为一个球形或者立方形的网格，并且将其内部的纹理贴图置为背景图或者天空盒的纹理贴图。

4.6　实战：物品手工建模

【目标】对一个物品（以鼠标为例）进行手工建模。

【人员】可独立完成；也可以团队为单位来完成，2人为一组组成团队，设队长一名。角色有建模师、摄影师，建模师负责模型的制作，摄影师负责信息采集及贴图的素材提供。团队成员应共同协作完成项目。

【时间】本实战项目在7小时内完成（5小时内完成为优秀，5～7小时完成为合格）。

4.6.1 信息采集

根据附录中的虚拟现实建模标准，首先采集物品信息。
- 物品名称：Logitech品牌无线鼠标。
- 型号：M185。
- 颜色：此款鼠标共有3色。
- 尺寸：长99mm，宽60mm。
- 图片：采集鼠标的上下左右前后等角度的图片如图4-28所示。

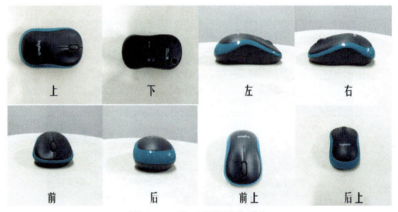

图4-28 手工建模图片采集

- 纹理：采集鼠标的纹理图如图4-29所示。
- 官方图片：官方图片为产品实拍图，如图4-30所示。

图4-29 鼠标纹理采集　　　　　　图4-30 产品官方展示图

4.6.2 模型制作

本次实战采用 3ds Max 2014 来制作鼠标的模型。这里我们采用图片参考法，将采集到的图片导入到 3ds Max 中，根据各个角度图片上的形状拉出对应的线条轮廓组成模型，具体建模过程参考附件模型制作，建模过程参考如图 4-31 所示。

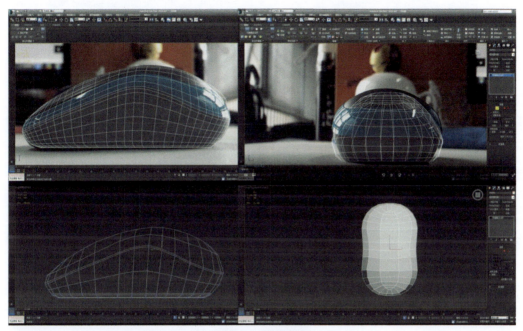

图 4-31　建模过程

 4.6.3 UV 展开

接下来对模型展 UV。先将做好的高模建组，复制，备份，完成这些动作后打开之前备份的低模进行 UV 展开。在实战过程中展 UV 在低模上展开，然后高模用来烘焙细节，如图 4-32 所示。

具体 UV 展开过程详见附件。

 4.6.4 贴图制作

现在开始做贴图，在这个鼠标中，贴图只有两处，一处是顶部的 Logo，一处是底部的信息贴纸。具体操作方法见附件，结果如图 4-33 所示。

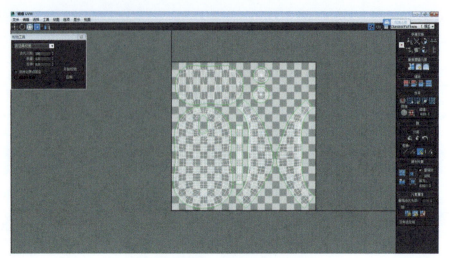

图 4-32　UV 展开

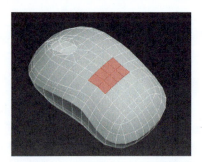

图 4-33　处理顶部 Logo 贴图

4.6.5　将模型上传到 VR 平台

现在进入最后一个环节，将模型上传到 VR 平台。打开 www.11dom.com，进入个人空间，单击"创建物体"按钮，开始上传模型，上传贴图。根据官方产品展示图的效果进行调节。制作完成效果可扫描如图 4-34 所示二维码，用手机扫码进行查看。

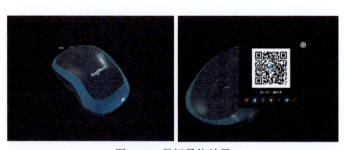

图 4-34　鼠标最终效果

4.7 虚拟现实引擎节点实例操作

引擎节点分为 4 大类：对象节点、动画节点、事件节点和物理节点，学好、用好、掌握好"引擎节点"至关重要，因为它是三维引擎的灵魂。本节以实例制作来讲解三维引擎内主要节点的用途。

4.7.1 虚拟现实的三维引擎和结构

虚拟现实引擎是造型语言，可描述 3D 场景的工具，用户可进入引擎建立并探索属于自己的世界；在引擎中建立的世界是交互的，是受用户控制的，可把 2D/3D 物体、动画、多媒体效果混合于一体；它与平台无关，可在 PC、移动端、可穿戴设备上浏览。

虚拟现实三维引擎是由许许多多的"节点"构成并创建的，在三维引擎中，文件由各种各样的节点组成，"节点"是引擎的核心，节点之间可以并列或层层嵌套使用。节点在引擎中起着主导作用，它贯穿于整个三维引擎的始终。可以说，如果没有节点，三维引擎也就不存在了。

本书所采用的 Web VR 引擎是十一维度公司自主研发的基于 Web 端的三维交互引擎，它广泛应用于各个行业，既可以将实景及实物产品在线三维虚拟展示，又可以嵌入相应音频和视频等多媒体元素，还可以对虚拟场景中的物品进行实时交互，如打开电冰箱的门（或爆炸图）看物品内部结构、打开电视和播放音乐（或产品介绍）等。和目前网络上图片、Flash、视频等展示方式相比，Web VR 改变了原来万维网上单调、真实感和情境性较差的缺点，可以帮助创建一个全新的可进入、可参与的三维虚拟现实世界。

4.7.2 虚拟现实的对象节点

虚拟现实引擎节点包含几何节点、颜色节点、材质节点、图像纹理节点、背景节点、雾节点、视点节点、导航信息节点、方向光节点、点光源节点、聚光源节点、锚节点、广告牌节点、编组节点、细节层次节点、影像文件节点、声音节点、文本造型节点、能见度节点等 19 种不同的节点。

各节点的含义如表 4-1 所示。

表 4-1 虚拟现实引擎节点及其含义

序号	节点	含义
1	几何节点	基础几何模型节点
2	颜色节点	着色几何表面颜色的节点
3	材质节点	立体空间造型特效节点
4	图像纹理节点	立体空间造型外观效果节点
5	背景节点	天空、大地及室内立体空间背景节点
6	雾节点	基于自身,向单一方向逐步扩散光源的节点
7	视点节点	决定观察角度的节点,如旋转观察、行走观察和飞行观察
8	导航信息节点	控制浏览者功能的节点,如身高、肩宽等
9	方向光节点	基于自身,向单一方向平行发射光源的节点
10	点光源节点	基于自身,向周围方向逐步发射光源的节点
11	聚光源节点	基于自身,向单一方向逐步扩散光源的节点
12	锚节点	超级链接群节点,具有超级链接网络文件和站点功能
13	广告牌节点	永远正对着相机的广告牌群节点
14	编组节点	基本型群节点,可以组合基本几何造型和复杂造型
15	细节层次节点	分级型群节点
16	影像文件节点	场景多媒体效果节点
17	声音节点	声音发射器节点
18	文本造型节点	文字描述节点
19	能见度节点	能见度传感器节点

4.7.3 几何节点

我们肉眼能够看到的节点,大部分都是几何节点,几何节点有三种获取方式:手工建模、3D 扫描和照片建模。在这里我们主要讲解手工建模方式,即利用 3ds Max 建立如图 4-35 所示的模型。

对于所有引擎即时渲染平台来说,优化都是必要的处理环节。优化程度取决于项目的目的和所提供的系统性能,在每秒 60 帧的速度下进行渲染,同时还得保证在 3 秒钟之内打开,建议在 2 万个面以内,这才能够在微信或其他平台上流畅地传播模型,还要注意的一点是一百个同样材质的几何模型可以被归为一个组,从而只产生一个绘制对象以便于操作。

第四章 对象与场景:构建梦想世界

☆提示☆

本节知识点:认识 3ds Max 界面,认识前、后、顶、透视图,创建几何形状,操作几何形状(参数、位置),导出并上传几何形状(导出 OBJ 格式文件,上传 OBJ 格式文件)。

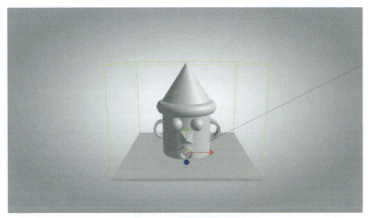

图 4-35　几何节点模型

(1)打开 3ds Max,3ds Max 界面如图 4-36 所示,界面主要分为 7 个区:菜单栏、工具栏、活动视图区、命令面板、动画控制区、坐标显示区、视图控制区。

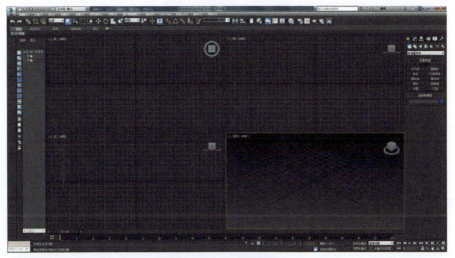

图 4-36　3ds Max 界面

(2)在菜单栏上单击"自定义"→"单位设置"按钮,将显示单位比例设置为厘米(cm),注意:系统单位比例(System Unit Setup)也要设置为厘米(cm),如图 4-37 所示。

（3）在命令面板中找到"几何体"图标 ◯，选择长方体，在顶视图中单击并拖动鼠标绘制出长方体，如图 4-38 所示。

图 4-37　3ds Max 单位设置

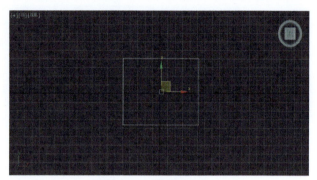
图 4-38　绘制长方体

（4）在命令面板中找到"修改"图标 ☒，将长方形参数修改为长度 80cm，宽度 80cm，高度 -2cm，如图 4-39 所示。

图 4-39　长方体参数设置

（5）在坐标显示区，将长方体的 X 轴、Y 轴、Z 轴坐标均修改为 0，以保证长方体在屏幕的正中间，如图 4-40 所示。

（6）以此方法，继续创建其他几个几何物体。

①顶视图绘制。

圆柱体：参数（半径：20cm；高：40cm），位置（X：0；Y：0；Z：0）。

圆环：参数（半径 1：20cm；半径 2：5cm），位置（X：0；Y：0；Z：40）。

圆锥体：参数（半径 1：20cm；半径 2：0cm；高：30cm），位置（X：0；Y：0；Z：45）。

第四章　对象与场景：构建梦想世界

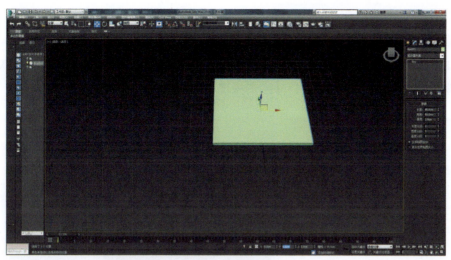

图 4-40　长方体坐标

球体 1：参数（半径 1：5cm），位置（X：-8；Y：-20；Z：30）。

球体 2：参数（半径 1：5cm），位置（X：8；Y：-20；Z：30）。

②前视图绘制。

四棱锥：参数（宽：10cm；深：10cm；高：8cm），位置（X：0；Y：-20；Z：20）。

管状体 1：参数（半径 1：8cm；半径 2：6cm；高：6cm），位置（X：-20；Y：5；Z：20）。

管状体 2：参数（半径 1：8cm；半径 2：6cm；高：6cm），位置（X：20；Y：5；Z：20）。

管状体 3：参数（半径 1：5cm；半径 2：4cm；高：6cm），位置（X：0；Y：-20；Z：9）。

可以看到，形成的几何物体像一个卡通小人，有眼睛有耳朵，如图 4-41 所示。

图 4-41　几何卡通小人

(7)以上几何形状创建完成后,在菜单栏选择"导出"命令,将文件保存为 OBJ 格式,如图 4-42 所示。

(8)打开 www.11dom.com 网站,登录网站,进入"个人中心",单击"VR 物品创建"按钮创建作品,此时会弹出虚拟现实引擎界面,如图 4-43 所示。

图 4-42 导出

图 4-43 虚拟现实引擎界面

(9)单击"上传物体"按钮,找到刚从 3ds Max 导出来的 OBJ 格式文件,进行加载显示,如图 4-44 所示。

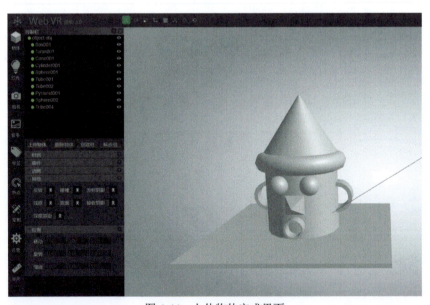

图 4-44 上传物体完成界面

（10）单击右上角的"保存"按钮，会弹出对话框，如图4-45所示，将名称、分类、参数、服务描述等填写好后，确认并提交，此时，我们的第一个作品就产生了。

图4-45　保存信息

最后，在"个人中心"可以找到创建好的作品，单击打开该作品，在浏览器的右边，单击"分享"按钮，会弹出一个二维码，如图4-46所示，用手机微信扫描，几何物体会快速地被打开；也可分享到朋友圈等平台，快速方便地传播VR作品。

图4-46　分享二维码

4.7.4 材质色彩节点

☆提示☆

简单地说，材质就是物体看起来是什么质地的。材质可以看成材料和质感的结合。在虚拟现实引擎中，它是一个节点集，包含了表面的色彩、纹理（基础纹理、光照纹理、透明纹理、法线纹理、影像纹理）、光滑度、透明度、反射率、折射率、发光度等。正是通过这些子节点的组合，让我们能够识别虚拟现实中的模型质地。

色彩是表示几何表面颜色的节点，通常参数为RGB，红色、绿色、蓝色，这里我们通过制作一组铅笔来说明材质色彩节点，如图4-47所示。

知识点：多边形建模、点线面编辑、挤出功能、连接功能、分离功能、认识色值编辑。

图4-47 材质色彩节点

（1）打开3ds Max，在命令面板中找到"图形"图标，选择多边形，在顶视图单击并拖动鼠标绘制出多边形，参数（半径：0.6cm）和位置（X：0；Y：0；Z：0）如图4-48所示。

图4-48 绘制多边形

（2）在命令面板中找到"修改"图标，在"修改器列表"中找到"挤出"功能，并设置其挤出参数（数量：20cm；分段：2），如图4-49所示。

（3）选择物体对象并右击，在弹出的快捷菜单中选择"转换为"→"转换为可编辑多边形"命令，如图4-50所示。

图4-49 设置挤出参数

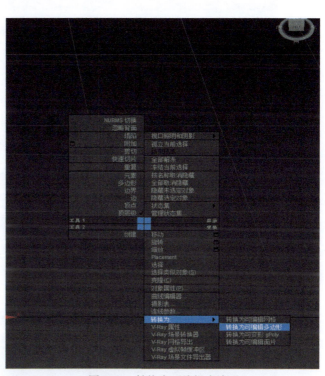
图4-50 转换为可编辑多边形

（4）在修改器中找到顶点，在前视图框选物体的顶点，将其位置修改为（X：0；Y：0；Z：12），在工具栏找到缩放工具，将顶点进行缩放，如图4-51所示。

（5）在修改器中找到边，选择上半部分的边，在编辑边的属性栏中找到"连接"功能，单击"连接"功能边上的小方框，此时会弹出连接功能参数表，进行设置（分段：2；收缩：40；滑块：0），单击"确定"按钮，如图4-52所示。

（6）在修改器中找到多边形，选择中间部分的面，在编辑几何体的属性栏中找到"分离"功能，单击"分离"按钮，如图4-53所示，在弹出的"分离"对话框中单击"确定"按钮。

（7）单击工具栏的"按名称选择"按钮，在对话框中将物体全选并单击"确定"按钮，接着在顶视图中按住"Shift"键向右拖动，此时会弹出"克隆选项"对话框，如图4-54所示，将副本数设置为11，这样就成功地复制出了11支铅笔。

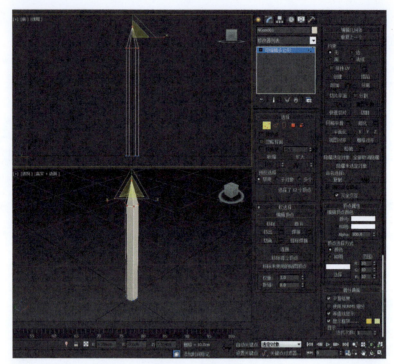

图 4-51 缩放顶点

图 4-52 连接

第四章 对象与场景：构建梦想世界

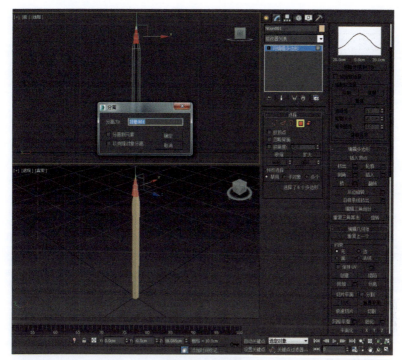

图 4-53 分离

图 4-54 复制

（8）导出 OBJ 格式文件，保存到指定文件夹下，按照"4.7.3 几何节点"小节中的步骤打开虚拟现实引擎，将几何模型进行上传，上传后，在笔头中间部分进行选择，按住"Ctrl"键可多选，在材质下找到纹理边上的小黑框 ，单击即可编辑颜色，设置参数（R：255；G：200；B：140），如图 4-55 所示。

（9）以此方法，继续设置各铅笔笔身的颜色：

第一支：红色（R：255；G：0；B：0）。

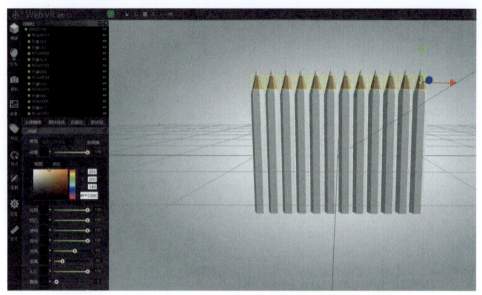

图 4-55 添加颜色

第二支：绿色（R：0；G：255；B：0）。

第三支：蓝色（R：0；G：0；B：255）。

第四支：黄色（R：255；G：255；B：0）。

第五支：淡蓝（R：0；G：255；B：255）。

第六支：紫红（R：255；G：0；B：255）。

第七支：军绿（R：85；G：130；B：65）。

第八支：橙色（R：225；G：140；B：10）。

第九支：灰色（R：130；G：130；B：130）。

第十支：板岩蓝（R：40；G：155；B：200）。

第十一支：深红（R：180；G：0；B：0）。

第十二支：青色（R：0；G：180；B：0）。

可以看到，形成的多彩铅笔色彩非常丰富，如图 4-56 所示，保存后就可以分享到朋友圈了。

图 4-56 材质颜色完成图

4.7.5 材质基础纹理节点

纹理是一种位图,即二维图像,使用纹理能使立体空间造型更具真实感,纹理图的使用能增加浏览者的视觉真实感,提高渲染的质量,如物体造型映成大理石纹理形成地砖,映成木纹形成地板,映成墙砖形成墙壁等。在引擎中,我们通常用的基础纹理格式是 JPEG。JPEG 是一种比较流行的图像存储格式,该格式存储图像文件较小,比较适合于网络传输,且图像质量比较高,是一种较好的图像存储格式,但不能包含像素的透明度信息。

知识点:线条编辑、放样功能、重复贴图制作、贴图压缩方法、光泽度、反射。

(1)打开 3ds Max,在命令面板中找到"图形"图标,选择线,为了让线画得更准确,可以在工具栏中找到"捕捉"工具并单击(可以右击弹出选择框,确保勾选了栅格点),接下来在左视图中用线画出一个相框边的轮廓,如图 4-57 所示。

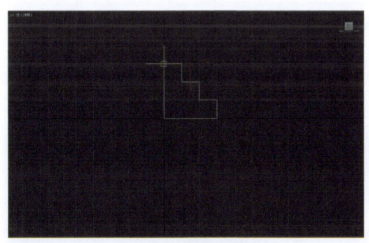

图 4-57 绘制相框边的轮廓

(2)在命令面板的"修改器"下,找到"顶点"按钮,在左视图中框选中间几个顶点,然后在圆角功能下输入参数(3cm),由此得出以下圆角结果,如图 4-58 所示。

(3)选择"图形"图标,找到"矩形"按钮,在前视图中创建矩形,设置参数(长:500cm;宽:800cm)。在"几何体"图标下拉框中找到复合对象,选中矩形,单击放样下的"获取图形"按钮,然后找到之前创建的轮廓,进行放样,如图 4-59 所示。

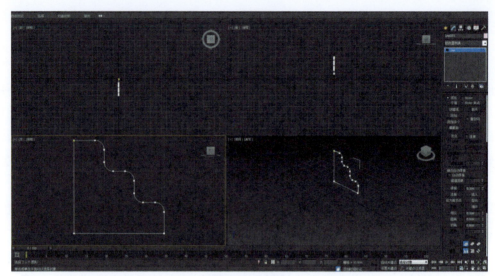

图 4-58 圆角

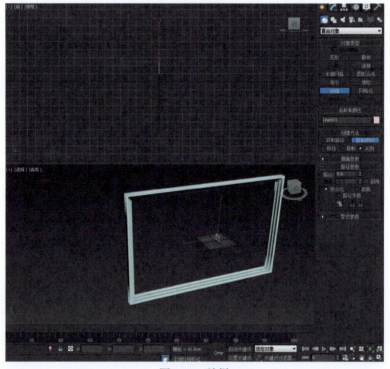

图 4-59 放样

（4）在"几何体"图标下拉框中重新选回标准基本体，选择平面，同样在前视图中创建一个参数（长：500cm；宽：800cm）的平面，拿它来放置照片，再复制出一个平面，用来做背部，如图 4-60 所示。

第四章 对象与场景：构建梦想世界

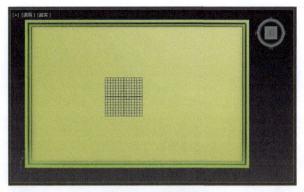

图 4-60　制作背部

（5）打开 Photoshop，制作木纹贴图，先找一张原图，通常我们会将贴图像素处理成 2 的 N 次方，比如 2、4、8、16、32、64、128、256、512、1024，最高不超过 2048，这里我们将它的大小处理成 128 像素 ×128 像素。在 Photoshop 的工具栏中选择"选区"工具■，然后在画布上按住"Shift"键进行拖动，以保证能画出正方形选区，如图 4-61 所示。

图 4-61　纹理制作

（6）正方形选区画好后，依次按键盘上的"Alt""I""P"键，进行画布裁剪，裁剪完之后，在菜单栏上找到图像将其大小设置为 128 像素 ×128 像素，如图 4-62 所示。

（7）设备好画布大小后，按住"Shift+Ctrl+Alt+S"组合键，对图像进行压缩，如图 4-63 所示，这时文件大小从 470KB 变成了 2KB，这样的贴图平铺在模型上会变得很模糊，所以要将它处理成重复贴图，这样贴图又小又清晰，如图 4-64 所示。

• 95 •

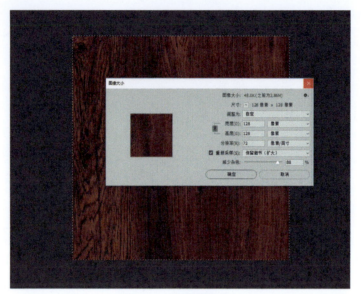

图 4-62　设置图像大小

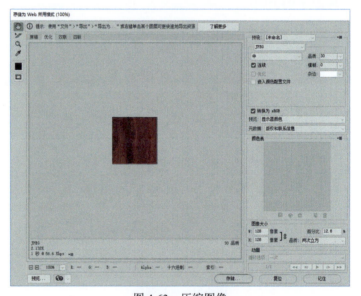

图 4-63　压缩图像

图 4-64　重复贴图

(8)切换到 3ds Max 软件,先将制作好的贴图赋予到模型上,按"M"键打开"材质编辑器",按下"漫反射"边上的小方框■,打开"材质/贴图浏览器",找到"位图"按钮,单击并打开之前制作好的木纹贴图,如图 4-65 所示。

图 4-65 材质编辑器

(9)选中相框模型,在"材质编辑器"下单击"赋予材质"按钮■,并将"显示材质"按钮■打开,但此时只能看到颜色,并没有看到纹理,因为还要做一个动作,打开"修改器",在"修改器列表"中找到"UVW 贴图"功能,在参数中选择"长方体",并进行参数设置(长:50cm;宽:50cm;高:50cm),如图 4-66 所示。

(10)制作照片贴图,在手机里找一张自己喜欢的照片,同样按以上方法将贴图像素处理成 2 的 N 次方,同时进行压缩,并将制作好的这两张贴图赋予模型,将这两个模型导出 OBJ 格式文件,同时运用虚拟现实引擎上传模型,在纹理菜单中采用制作好的两张贴图,选择照片模型,将光泽参数调到 20,将反射打开,这时照片模型就有了镜面反射效果了,如图 4-67 所示。保存后完成制作。

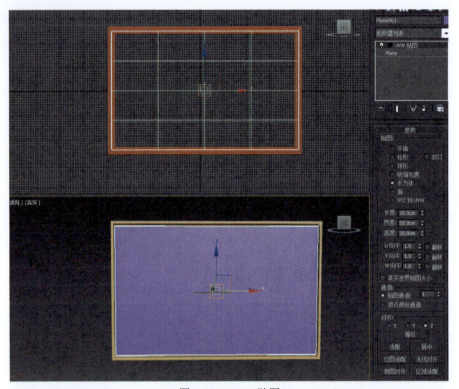

图 4-66 UVW 贴图

图 4-67 镜面反射效果

4.7.6 材质光照贴图节点

光照纹理是在 Max 中打开天光烘焙而成的,使用正片叠底方式,提供整体大致的明暗信息,模型结构越详细,明暗信息越准确。有无光照贴图效果对比如图 4-68

所示,接下来我们逐步讲解光照纹理的烘焙方法。

知识点:挤出、放样功能、重复贴图制作、贴图压缩方法、光泽度、反射。

图 4-68 有无光照贴图效果对比

(1)打开 3ds Max,在顶视图中创建一个长方体并设置参数(长:10cm;宽:20cm;高:20cm),右击长方体,在弹出的快捷菜单中选择"转换为"→"转换为可编辑多边形"命令,如图 4-69 所示。

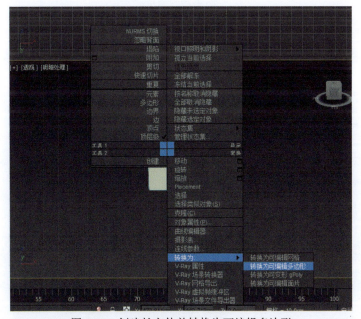

图 4-69 创建长方体并转换为可编辑多边形

(2)在"修改器"下选择"多边形面编辑"▇,在长方体前部面上进行点选,同时在编辑多边形下找到"倒角"功能,对多边形进行两次倒角,单击"倒角"功能边上的小方框▇,进行第一次倒角,设置参数(倒角高度:0cm;倒角轮廓:-1cm),再次单击"倒角"功能边上的小方框▇,进行第二次倒角,设置参数(倒角高度:-8cm;倒角轮廓:0cm),如图 4-70 所示。

· 99 ·

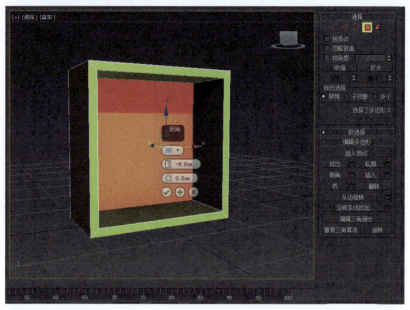

图 4-70　倒角

(3) 复制出 3 个长方体, 同时在"修改器"下单击"附加"功能, 将它们附加成为一个物体, 按"M"键, 对它们统一赋予默认材质, 如图 4-71 所示。

图 4-71　复制

第四章 对象与场景：构建梦想世界

（4）在命令栏选择"创建"→"灯光"→"天光"命令，并在场景中打上天光，按"F10"键，调出渲染设置，设置"选择高级照明"为"光跟踪器"，同时将"光线/采样"值设为500，如图 4-72 所示。

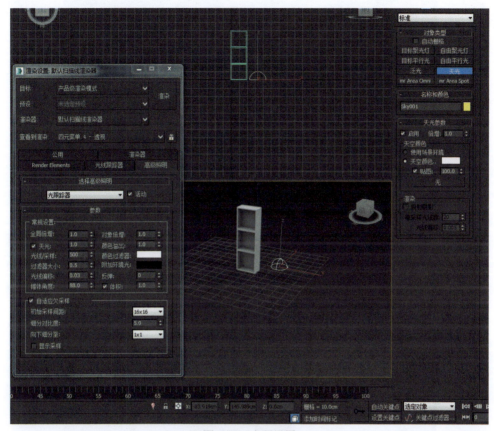

图 4-72　光照设置

（5）设置完渲染方式后，按数字"0"键，调出烘焙设置，将"通道"改为1，单击"添加"按钮选择"lightingMap"贴图，保存文件为 JPG 格式，尺寸设置为 2048 像素 × 2048 像素，设置好后单击"仅展开"按钮，如图 4-73 所示。

（6）在修改器下打开"UV 编辑器"，单击 按钮进行填充，不浪费空间，展好后单击"渲染"按钮，按数字"0"键，调出烘焙设置，进行渲染，如图 4-74 所示。

（7）将制作好的模型导出 OBJ 格式，打开虚拟现实引擎，加载模型后，先选择纹理，这里我们使用上次制作好的那张木纹重复贴图，并将重复次数设置为10，加上烘焙贴图即可（光照贴图），如图 4-75 所示。注意：使用光照贴图时，必须把灯光全部都关掉才行，不然会曝光。

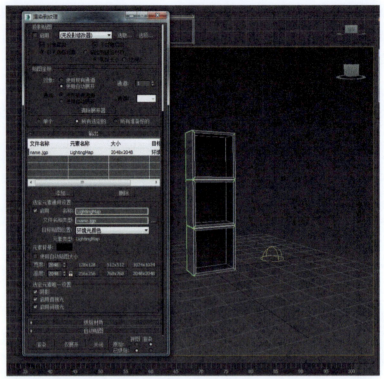

图 4-73 烘焙设置

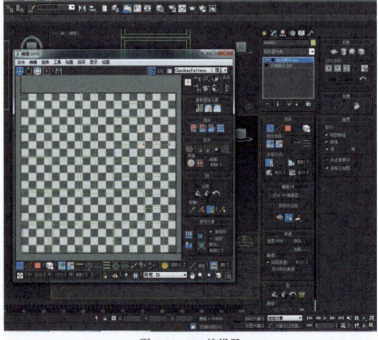

图 4-74 UV 编辑器

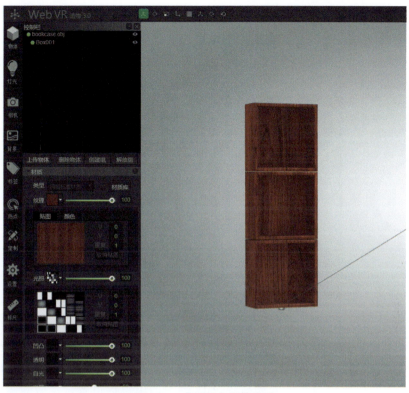

图 4-75　虚拟现实引擎编辑

4.7.7　材质法线贴图节点

法线贴图多用在虚拟现实引擎的渲染及游戏画面的制作上，将具有高细节的模型通过映射烘焙出法线贴图，贴在低端模型的法线贴图通道上，使之拥有法线贴图的渲染效果，又可以大大降低渲染时需要的面数和计算内容，从而达到优化动画渲染和游戏渲染的效果。有无法线贴图效果对比如图 4-76 所示。

知识点：法线贴图、金属光泽。

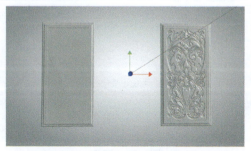

图 4-76　有无法线贴图效果对比

（1）打开案例源文件（5.线贴图），用 3ds Max 打开命名为"浮雕"的文件，这时，会看见一扇门，它有三个模型对象，第一个命名为框（共 94 个面），第二个命名为门（只有 1 个面），第三个命名为浮雕（共 44 534 个面），如图 4-77 所示。

图 4-77　素材面数展示

（2）这么多的面已经远超过理想的 2 万个面以内的标准了，那么只有用法线贴图来解决这个问题，将浮雕模型和门模型紧贴在一起，设置位置参数（X：0；Y：0；Z：0），然后选择门模型并按数字"0"键，调出烘焙设置，选取浮雕模型作为投影对象，将"通道"改为 1，单击"添加"按钮选择"NormalsMap"贴图，保存文件为 JPG 格式，尺寸为 2048 像素，设置好后单击"仅渲染"按钮，如图 4-78 所示。

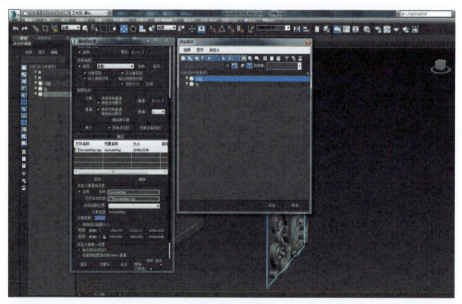

图 4-78　渲染

（3）渲染完成后，得到一张法线贴图，如图 4-79 所示，现在已经不需要浮雕这么大的模型了，将其删除，同时设置框的位置（X：0；Y：0；Z：0），设置完成后将这两个模型导出 OBJ 格式文件。

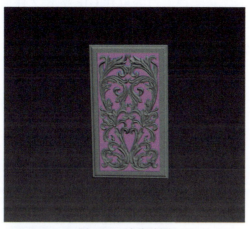

图 4-79　法线贴图

（4）打开虚拟现实引擎，导入模型，选择门模型，在"材质"下选择"凹凸"，在弹出的对话框中选择"法线"，加载之前渲染好的法线贴图，同时将光泽调到 20，金属调到 10，石门浮雕就制作完成了，如图 4-80 所示。

图 4-80　石门浮雕

4.7.8 材质透明贴图节点

通常制作透明贴图有两种方式,一种是采用黑白通道贴图,另一种采用 PNG 格式作为透明贴图。PNG 是一种专门为取代 GIF 格式文件而开发的用于网络浏览的图像文件格式,它相对于 GIF 格式有更高的图片质量,同时还包含像素的透明度信息。本小节案例最终效果如图 4-81 所示。

图 4-81 透明贴图案例效果

(1)打开 3ds Max,在命令面板下,找到茶壶的几何体,并在顶视图中创建一个茶壶,半径设置为 40cm,分段设置为 8,将其转换为可编辑多边形,然后选择"面"功能,选择中间的面,如图 4-82 所示。

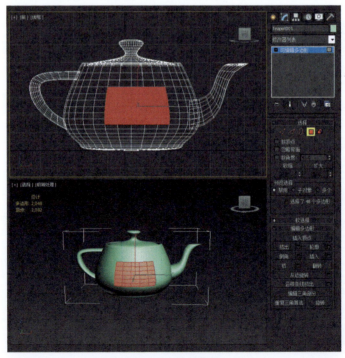

图 4-82 绘制茶壶

（2）选择完面后，按住"Shift"键拖动 Z 轴，复制出一个面用作透明贴图，同理，对背面也选择同样大的区域进行复制来用作另一张透明贴图，这时模型制作完成，如图 4-83 所示，将其导出 OBJ 格式文件。

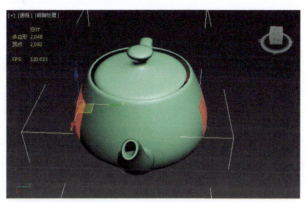

图 4-83　面的选择与复制

（3）在"修改器列表"中找到"UVW 贴图"，选择"平面"贴图，在"对齐"栏选择"Y"轴，单击"居中"按钮，这样贴图就被重新计算了一次 UV。两个面的模型都按此方法做一遍，如图 4-84 所示。

图 4-84　UVW 贴图

(4)打开 Photoshop，开始制作两张贴图，第一张为文字贴图，保存为 PNG 格式；第二张为图腾黑白通道贴图，保存为 JPG 格式。记得 2 的 N 次方和压缩，如图 4-85 所示。

图 4-85 贴图制作

(5)打开虚拟现实引擎，设置茶壶的颜色（R：255；G：60；B：60）并打开双面，选择第一个面，将文字贴图放在纹理里；选择第二个面，将图腾黑白通道贴图放在透明里，并将金属和反射设置为 100，光泽设置为 0，如图 4-86 所示。

图 4-86 上传贴图

(6)保存至服务器，透明贴图制作完成。

4.7.9 背景节点

背景节点是指天空、大地及室内立体空间背景，用于定义虚拟现实世界中天空和地面纹理。在天空和地面之间，设定一幅立体空间全景图并可以放置立体空间造型。

(1)打开案例源文件（7.背景节点），打开 Max 模型室内模型，在顶视图中创建一个球体并调整位置，如图 4-87 所示。

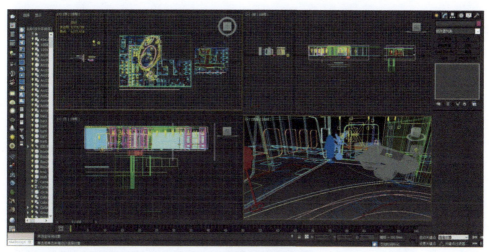

图 4-87　载入素材文件

(2)按"M"键，打开"材质编辑器"，选择一个默认的材质球，并将其设置为"Standard 标准材质"，如图 4-88 所示。

图 4-88　材质编辑器

(3)单击"漫反射颜色"右边的按钮，选择"反射 / 折射"贴图类型，如图 4-89 所示。

(4)将"反射 / 折射"参数下的"来源"改为"从文件"，设置图片大小，在渲染立方体贴图文件中选择保存位置（保存格式为 JPG），选择完成后，单击"拾取对象"和"渲染贴图"按钮,并将其指向之前创建好的球体模型,如图4-90所示。

图 4-89　贴图类型

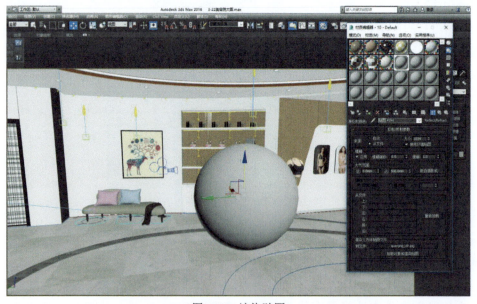

图 4-90　渲染贴图

（5）渲染完成后打开虚拟现实引擎，在"VR 效果图"功能下，打开 3D 开关，然后添加场景，在"场景"属性下单击"环境"按钮，此时会弹出"场景列表"对话框，按如图 4-91 所示顺序操作。

（6）在弹出的自定义框中，将之前渲染好的文件分别按照 UP、LF、BK、RT、FR、DN 顺序添加，最后单击"创建"按钮，室内背景就生成成功了，如图 4-92 所示。

图 4-91　添加场景

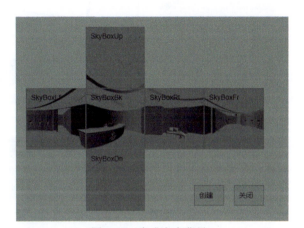

图 4-92　生成室内背景

 4.7.10　视点节点

视点节点是决定观察角度的节点，如旋转观察、行走观察和飞行观察。也就是一个浏览者所浏览的立体空间中的预先定义的观察位置和空间朝向，在这个位置上通过这个朝向，浏览者可以观察到虚拟世界中相应的场景。一般具有代入感的虚拟现实场景，是在一个空间内创建两个观测点，而观测点的角度稍有偏差。

（1）打开 3ds Max，先导入画迷宫模型的参考图，单击创建栏，在"标准基本体"中选择"平面"；在顶视图中创建一个平面，在"修改"菜单下将长度、宽度设置为 10 000cm；打开"材质编辑器"，选中模型并单击"将材质指定给选定对象"按钮，在下面的"漫反射"中选择"位图"，找到参考图并选择，然后单击"视口中显示明暗处理"按钮，参考图导入完成，如图 4-93 所示。

（2）参考图导入完成之后开始制作迷宫，在创建栏单击"图形"下的"线"按钮，在顶视图中比对着参考图以白色线为准画出形状，然后选中参考图并将它隐藏起来，如图 4-94 所示。

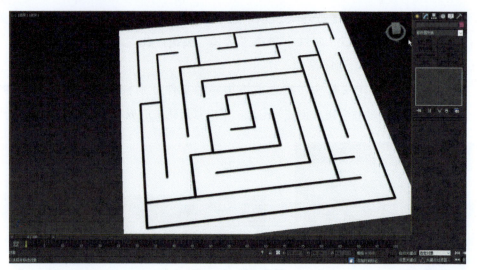

图 4-93　导入素材

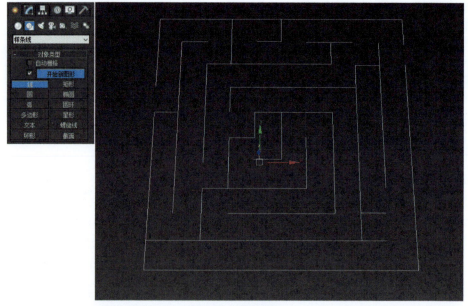

图 4-94　绘制线条

（3）因为画线的时候所有的线不是一个整体，所以要将它们组合起来。先选择一个线条，在"编辑"菜单下选择"附加"命令，将其他不同颜色的线附加进来。选择时只需单击线条，添加完之后右击结束，如图 4-95 所示。

（4）选中线条，在"修改器列表"下选择"挤出"，设置参数"数量"为 200，再选择"壳"，设置"内部量"和"外部量"均为 5cm，如图 4-96 所示。最终完成迷宫，如图 4-97 所示。

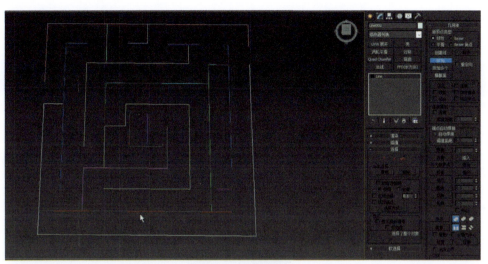

图 4-95 线条结合

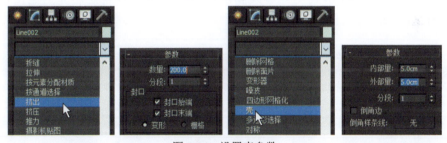

图 4-96 设置壳参数

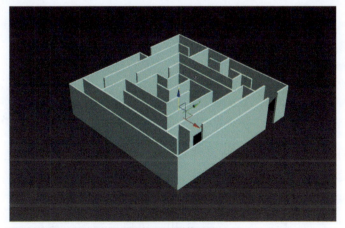

图 4-97 制作迷宫

（5）创建地面，在"创建"面板选择"平面"，在顶视图中创建地面，创建完成后，打开"天光"，并将其烘焙出光影贴图，最后导出 OBJ 格式文件，如图 4-98 所示。

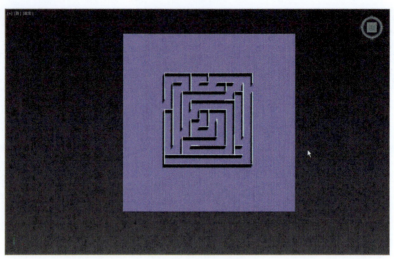

图 4-98 创建地面

（6）将输出的 OBJ 格式文件导入到虚拟现实引擎，将材质和光影贴图赋予上去，如图 4-99 所示。

图 4-99 上传平台并赋予贴图

（7）在"灯光"栏将默认的两盏灯数值调至 9，再创建一些泛光灯布置在各个角落，设置距离为 50，如图 4-100 所示。

（8）选中迷宫模型并将"碰撞"打开，如图 4-101 所示。

（9）选择"全局"栏，将雾效调至 40，切换至漫游"相机"，"视角"开到 80，"速度"为 30，"身高"为 38，"黑夜"为 25，"像素"为 80，导入音效，最后保存，就可以开始浏览了，如图 4-102 所示。

第四章　对象与场景：构建梦想世界

图 4-100　添加灯光

图 4-101　开启碰撞

图 4-102　设置相机和音效

4.7.11 雾效节点

雾效节点是模拟大自然雾效的节点，就是通常所说的空间大气效果，可以体现雾的浓度效果，甚至可以表现雾的颜色等。在场景中添加雾气，如在清晨、雨后、山川、旷野等设计中，使大气的背景空间具有更逼真的效果，呈现一种朦胧之美，如图 4-103 所示。

图 4-103　雾效节点案例效果图

4.7.12 导航节点

导航就是控制浏览者如身高、肩宽等在虚拟世界中功能的节点，使用一个三维的造型作为浏览者在虚拟世界中的替身，并可使用替身在虚拟世界中移动、行走或飞行等，可以通过该替身来观看虚拟世界，还可以通过替身与虚拟现实的景物和造型进行交流、互动和感知等。

4.7.13 光源节点

光源节点分为天光和人造光源，人类能看到自然界的万物，主要是由于光线的作用，光线的产生需要光源。在自然界和人造光源中，光源又分为天光、方向光源、点光源、聚光源 4 种。

天光节点：基于自身，没有方向的概念，是全局发射光源的节点。

方向光节点：基于自身，向单一方向平行发射光源的节点，例如，平行光源，如图 4-104 所示。

点光源节点：基于自身，指定了一个半径值，这个半径值表示该光源所能照亮的范围是以该光源为中心的照明球体的半径，该球体以外的范围不能被该光源照射到，而在该球体以内的则能被该光源照亮，如图 4-105 所示。

图 4-104　平行光源　　　　图 4-105　点光源

聚光源节点：可以在虚拟现实立体空间中创建一些具有特别光照特效的场景，如舞台灯光、艺术摄影及其他特效虚拟场景等。聚光灯，即从一个光点位置呈锥体状朝向一个特定的方向照射，只有在此圆锥体空间内造型才会被照亮，其他部分不会被照亮，如图 4-106 所示。

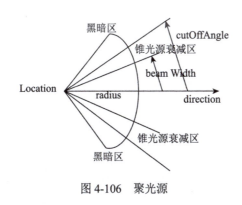

图 4-106　聚光源

4.7.14　阴影节点

光源的另一个区别在于阴影，在虚拟现实引擎中，光源系统中不会自动产生阴影，如果要对静态物体做阴影渲染，必须先人工计算出阴影的范围，再模拟阴影。

4.7.15　锚节点

锚节点即超级链接群节点，具有超级链接网络文件和站点功能。它的作用是链接三维立体空间中各个不同场景，实现网络上任何地域或文件之间的互联、互动及感知，使虚拟世界变得更加生动有趣。还可以利用锚节点直接上网，实现真正意义上的网络世界。

4.7.16 广告牌节点

广告牌节点永远正对着相机的广告牌，选定一个旋转轴后，这个节点下的子节点所构成的虚拟对象的正面会永远自动地面对观众，不管观察者如何行走或旋转等。

4.7.17 编组节点

编组节点是基本型群节点，可以组合基本几何造型和复杂造型。

4.7.18 细节层次节点

细节层次节点是分级显示的节点，它通过空间距离的远近来展现空间造型的各个细节，如在远处只能隐约地看到一座建筑物的轮廓、形状和大小等，但是当观察者走近建筑物时，就会看清楚整个建筑物的具体框架结构，再走近些会看到更加细节的内容。

4.7.19 声音节点

声音节点是声音发射器节点，在虚拟现实引擎中可以添加声音，使观察者领略具有立体感的听觉效果。空间场景中播放的不是简单的2D声音，而是模拟现实中声音传播路径的3D声音。如果我们要创建一个发射源，那么当观察者走近发射源时，声音就会扩大；走远时，声音就会渐渐变弱，如图4-107所示。

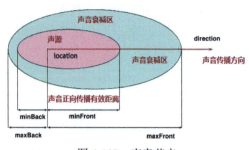

图4-107 声音节点

第五章

渲染与动画：你的眼睛会欺骗你

本章目标

1. 了解渲染基本概念
2. 了解相机基本原理
3. 了解动画基本原理
4. 掌握动画制作方法

5.1 渲染

渲染（Rendering）是通过计算机程序将 2D 或者 3D 模型生成为最终显示图形的自动化过程。执行此过程的计算机程序称为渲染器（Render），它是各种 2D 绘图或者 3D 绘图引擎的基本组成部分。渲染是 CG（Computer Graphics，计算机图形）生产或者游戏显示的最终步骤。

根据使用方法的不同，渲染主要有硬件渲染和软件渲染两种。

5.1.1 硬件渲染

硬件渲染是一种使用计算机显卡及相关驱动程序来进行渲染的方法。很多 3D 处理软件，如 3ds Max，默认使用这种渲染方法。系统在渲染时通过图形 API 与硬件进行通信，渲染速度取决于硬件设备。常用的渲染硬件是显卡，其计算单元被称为 GPU。这种渲染技术渲染速度快，常使用在游戏等对速度要求高的虚拟现实应用中。

常用的硬件渲染的图形 API 有 Direct3D、OpenGL ES 和 WebGL。三者的 Logo 如图 5-1 所示。

1. Direct3D

Direct3D 是微软开发的用以渲染 3D 图形的高性能图形 API，基于 Windows 平台开发的游戏应用大多基于该 API。它是 DirectX 库的一部分。

2. OpenGL ES

OpenGL ES 是一个跨平台、跨语言的 3D 矢量图渲染 API。由于这种 API 不基于某个特定平台或者特定语言，所以它在 Linux 等平台上有广泛的应用。它是 Open GL 库的一部分。

3. WebGL

WebGL 则是基于 OpenGL ES 的 JavaScript 图形 API。与 OpenGL ES 不同的是，WebGL 专为浏览器所设计，也只能使用 JavaScript 作为开发语言。它将 3D 物体渲染在网页上的 Canvas 标签中，并且允许其与其他 HTML 元素交互。

图 5-1 常用的图形渲染 API

第五章 渲染与动画：你的眼睛会欺骗你

 5.1.2 软件渲染

不同于硬件渲染，软件渲染是通过 CPU 进行的渲染方法，其渲染速度取决于 CPU 的速度。软件渲染由于不受计算机显卡的限制，所以会更加灵活，同时还具有渲染精度高的优点。软件渲染的缺点是通常需要更长的时间。常用的建模和动画软件如 Maya 等都拥有自己的软件渲染器。

随着用户对虚拟现实最终呈现画面质量要求越来越高，硬件渲染渐渐无法满足用户的需求。所以，一部分显卡针对高性能、高显示要求的场景，设计了实时软件渲染通道，比如，在 Direct3D 中使用高级着色器语言（HLSL），实现了实时软件渲染。

☆提示☆

渲染（Rendering）和着色（Shading）这两个词在三维软件中很相似，但却是有区别的两个概念。着色是灯光和材质一起发生作用的过程。用以处理着色的程序叫作着色器（Shader）。在硬件渲染过程中，系统对可视范围内的每个对象使用预先设定好的一个或者多个着色器进行着色。当所有对象的所有着色器都被计算完成时，渲染过程才能结束。

5.2 相机

在渲染过程中，为了保证整体的渲染速度，计算机只会对可视范围内的对象进行着色。相机（Camera）的作用就是为了确定场景中哪些对象是可视的。相机是通过 3D 投影的方式显示场景的，显示结果称为视图（View）。根据投影方式的不同，相机分为透视投影相机和正交投影相机。显示效果的对比如图 5-2 所示。

图 5-2　同一个场景在透视投影（左）和正交投影（右）下的显示效果

5.2.1 透视投影相机

透视投影效果是现实世界的相机或者人眼观察到的效果。这种视图靠近相机的物体会显得比较大,而远离相机的物体显示会较小。平行线在这种视图中不一定会平行显示,如图 5-3 所示。

从图 5-3 中的参考线标尺可以看到,两条同样长的参考线,靠近相机的那一条显示的长度是远离相机的那一条的两倍。这种显示效果也被称为透视效果,简单来说就是近大远小。这种相机的投影模型如图 5-4 所示。

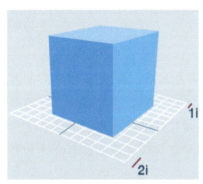

图 5-3 透视投影相机显示效果

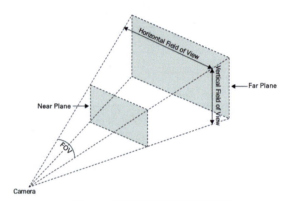

图 5-4 透视投影相机投影模型

配置这种相机需要 5 个参数:FOV(视场,也称为视角,全称是 Field of View)、水平 FOV(Horizontal FOV)、垂直 FOV(Vertical FOV)、近面(Near Plane)和远面(Far Plane)。如图 5-5 所示的蓝色区域是由这几个参数所组成的一个六面体封闭空间,该空间内的一切物体都是可见的。

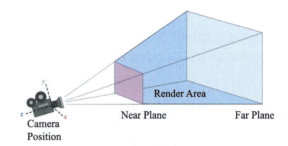

图 5-5 透视投影相机的显示区域

☆提示☆

为了保证显示效果,透视投影相机的纵横比应该和屏幕显示区域的纵横比相同。也就是说有如下等式成立。

$$\frac{水平FOV}{垂直FOV} = \frac{屏幕显示区域的宽}{屏幕显示区域的高}$$

5.2.2 正交投影相机

在 2D 应用或者一些 3D 策略游戏中为了保证显示小地图，要求所有边的长度都按绘图比例绘制，平行线也要求保持平行，这种显示效果称为等距投影（Isometric Projection），其效果如图 5-6 所示。这是一种在真实世界中不存在的显示模式。

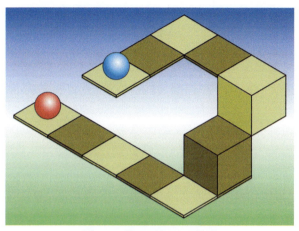

图 5-6　等距透视显示效果

以等距投影方式投影的相机就称为正交投影相机（Orthographic Camera）。在这种投影方式下，无论物体距离相机的远近，相等长度的参考线的显示效果也相等，如图 5-7 所示。

图 5-7　正交投影相机的显示效果

从图 5-7 中可以看出，正交投影的参考线每个网格大小是完全相同的，显示的正方体平行边也是平行的。这种相机的投影模型如图 5-8 所示。

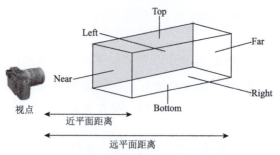

图 5-8　正交投影相机示例图和显示区域

正交投影相机的配置参数主要有左面（Left）、右面（Right）、顶面（Top）、底面（Bottom）、近面（Near）和远面（Far）。在设置参数时，必须保证以下等式成立。

$$\frac{\text{Left}}{\text{Right}} = \frac{\text{Top}}{\text{Bottom}} = 1$$

简而言之，正交投影相机的显示区域一定是一个长方体，显示效果则是远近相同。

5.3　动画

动画（Animation）是物体移动所产生的结果。早期动画是通过照相或者手工绘制的方式将图片放在一组相片上实现的，如图 5-9 所示。现代动画技术则可以通过计算机进行二维或者三维模拟物体移动的方式展现，其中，物体的每个动作都可以称为过渡（Transition），组成动画的每一个画面称为帧（Frame）。

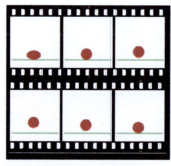

图 5-9　早期的动画

在虚拟现实应用中，动画类型有场景过渡动画、相机移动动画、逐帧动画、关键帧动画、类人动画、粒子效果和动画状态机等。

5.3.1 场景过渡动画

场景过渡动画很常见,在看电影的时候,时常可以看到镜头从户外切换到室内,这个切换过程经常是屏幕一暗一亮完成的,这种渐暗和渐显的效果就是场景过度动画的两个关键过渡。在电影中,场景过渡动画也称为转场动画。

5.3.2 相机移动动画

相机移动动画则是由相机移动来实现的,即在同一场景、一段时间内,通过相机位置移动、视角移动而实现的动画效果。

在虚拟现实应用中,镜头的移动可以根据设定移动,也可以根据交互事件移动。这种动画形式在游戏、虚拟展馆或者物品展示中都很常见。

5.3.3 精灵和逐帧动画

早期动画是通过手工制作动画的每一帧来实现的,这种方法制作的动画称为逐帧动画,该方法既费时又费力。

逐帧动画是所有动画的基本形式,一切动画都可以通过各种方法转换为逐帧动画。在逐帧动画中,每秒播放的帧数称为帧率(Frame Rate,由于其单位为 fps,故常简称为 fps)。为了保证人眼可以看出动画效果,动画的帧率至少应该达到 24fps,若低于此值人眼就会感觉到卡顿。但是,如果帧率太高,则系统运算压力大,在虚拟现实应用中,常用帧率一般为 30fps(电视的刷新率)、60fps(液晶显示器的刷新率)、75fps(CRT 显示器的刷新率)等几个档次。当然,帧率越高显示效果就越好,在一些对显示要求非常高的虚拟现实应用中,甚至有用到 200fps 以上的刷新率。

在 2D 动画中,通常使用一张图片放置一个动画的一个帧,并且将其通过技术手段裁减使用,这种方法产生的对象可以称之为精灵(Sprite),其本质可以理解为一个包含了各种动画的对象。如图 5-10 所示就是一个大眼夹精灵。

图 5-10 大眼夹精灵

5.3.4 关键帧动画

当计算机普及后，由于逐帧动画中，每个物体存在一定的运动规律，可以指定一些关键节点并且通过计算的方式计算出其他帧，这些关键节点的帧就称为关键帧，而由系统自动计算的帧则称为过渡帧。

关键帧动画是使用关键帧（Keyframe）实现的动画效果。关键帧则是在一个平滑过渡的开始或者结束的节点，例如对象的运动或者修改器所应用的变化值，这些关键帧的值就称为关键值。比如，如图 5-11 所示的动画效果显示的是一个小球的滚动，红色方框显示的就是关键帧，虚线就表示小球实际的运动轨迹。

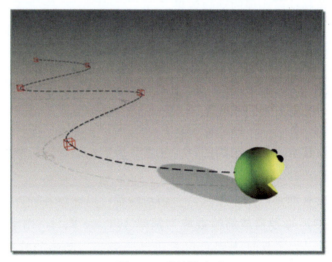

图 5-11 关键帧动画

下面举例说明关键帧动画的基本原理。例如，有一个代表电梯的对象尚未制作动画，即它还没有关键帧（或关键点）。如果在第 0 帧（也称为开始帧）插入关键帧，再转至第 20 帧，然后沿着 Z 轴将电梯升到二楼，再插入关键帧。开始帧处的关键点表示电梯开始移动之前的位置，而第 20 帧处的关键点则表示电梯沿着 Z 轴完成运动后所在的位置。播放该动画时，播放 20 帧，电梯就会从一楼升到二楼。

5.3.5 类人动画

类人动画（Humanoid Animation，H-Anim）是 ISO 标准所定义的类人建模和动作方法。它定义了一系列拥有人类特征的模型和动作方法，可以用于 3D 游戏、虚拟现实等多领域。如图 5-12 所示是在 Unity 3D 中使用类人动画的界面。

第五章　渲染与动画：你的眼睛会欺骗你

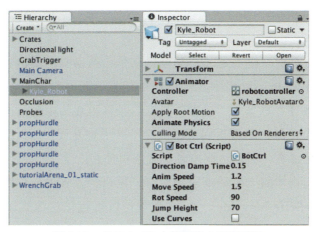

图 5-12　在 Unity3D 中使用类人动画界面

 5.3.6　粒子动画

通过前面的学习可以知道，3D 动画是使用计算机对 3D 模型进行演算和渲染的结果。也就是说，对于动画中的每一个可运动物体都需要对其进行建模操作。那试想，如果是水流、火焰、烟花等运动物体，需要建立模型的数量就会很吓人了。所以，在 3D 动画技术中，为了模拟喷射、爆炸、雪花等效果，通常使用粒子系统（Particle Systems）来生成一系列不可编辑的对象，这些对象统称为粒子（Particle），如雨滴、雪花或者灰尘等。

由粒子系统循环工作产生的动画效果就称为粒子动画。其中粒子系统控制着粒子的产生、繁殖、流动和死亡。在一些虚拟现实引擎中，粒子系统还会加入物理效果，从而产生风吹、重力等特殊效果，如图 5-13 所示就是由粒子系统产生的喷泉，右边的插图说明了风对粒子产生的空间扭曲效果。在 2D 虚拟现实应用中，粒子动画也经常使用精灵来实现。

图 5-13　由粒子系统产生的喷泉

· 127 ·

5.3.7 动画状态机

准确来说,动画状态机不是一个动画,它是一组动画的集合。状态机是一个有向图形,由一组节点和一组相应的转移函数组成。状态机通过响应一系列事件来"运行",每个事件都在属于"当前"节点的转移函数的控制范围内,其中函数的范围是节点的一个子集,函数返回"下一个"(也许是同一个)节点。这些节点中至少有一个必须是终态,当到达终态时,状态机停止。

动画系统控制物体的一组动画应该何时、以何种方式展现的状态机就是动画状态机(Animation State Machines)。它通常是以可视化的流式表格来显示的,如图5-14所示。

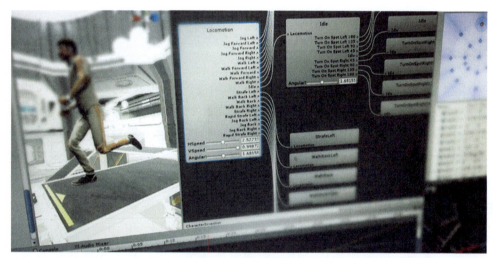

图5-14 动画状态机

动画状态机中的每个节点都代表着物体的一个状态,每条连线都代表着一个事件,这个事件的响应方法可以是5.3节中提到的任何一种动画。

5.4 实战

【目标】利用本书提供的素材制作5种类型的动画。

【人员】独立完成。

【时间】本实战项目在3小时内完成。(1.5小时内完成为优秀,1.5～3小时完成为合格。)

5.4.1 创建移动动画

（1）上传本书附件提供的柜子模型及贴图，如图 5-15 所示。

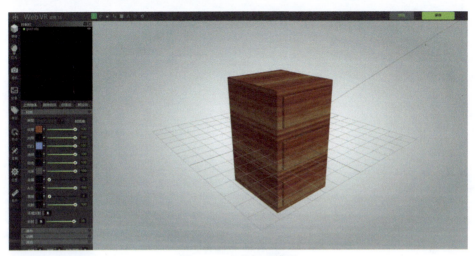

图 5-15　上传柜子模型

（2）在模型中选择第一个抽屉，在左侧工具栏中选择"动画"，如图 5-16 所示。

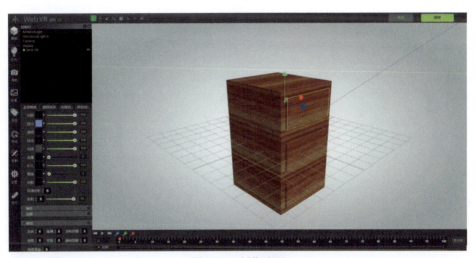

图 5-16　制作动画

（3）在 0 帧和 60 帧处设置关键帧和停止帧，如图 5-17 所示。

图 5-17　设置关键帧和停止帧

(4)将指针移至 30 帧处,将"对象 001(抽屉)"沿 Z 轴拉出适当位置,在 30 帧处设置关键帧和停止帧,效果如图 5-18 所示。

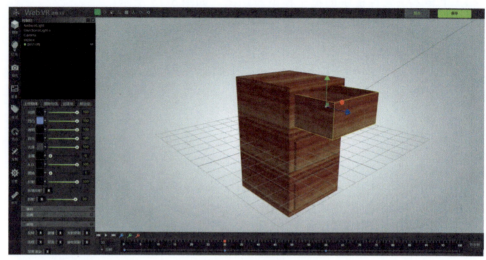

图 5-18 动画效果

(5)移动动画设置完成,单击三角形按钮播放动画,可以看到抽屉被拉出和关上。请保存当前工程,在下一章实战中还会用到。

☆提示☆

在虚拟现实平台中,蓝色钥匙表示关键帧,绿色表示信号帧,红色表示停止帧,如图 5-19 所示。

图 5-19 虚拟现实平台中不同帧的颜色显示

5.4.2 创建旋转动画

(1)上传本书附件提供的手表模型及贴图,如图 5-20 所示。

(2)选择时针后,从工具栏上方选择中心点移动工具,将中心点移动到表盘中心,如图 5-21 所示。

(3)在左侧工具栏中选择"动画",在 0 帧和 100 帧处设置关键帧,如图 5-22 所示。

(4)移动动画指针到 33 处,选择旋转工具,旋转秒针到 5 点的位置,设置关键帧,如图 5-23 所示。

第五章 渲染与动画：你的眼睛会欺骗你

图 5-20　上传手表模型

图 5-21　旋转对象

图 5-22　制作动画

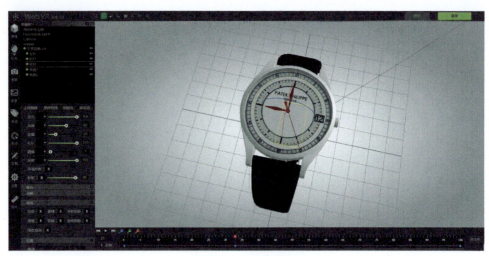

图 5-23　设置关键帧

（5）移动动画指针到 66 处，选择旋转工具，旋转秒针到 9 点的位置，设置关键帧，如图 5-24 所示。

图 5-24　动画效果

（6）动画设置完成，单击三角形按钮播放动画，可以看到秒针在表盘上旋转，像是在走动一样。请保存当前工程，在下一章实战中还会用到。

5.4.3　创建缩放动画

（1）上传本书附件提供的球体模型及贴图，如图 5-25 所示。

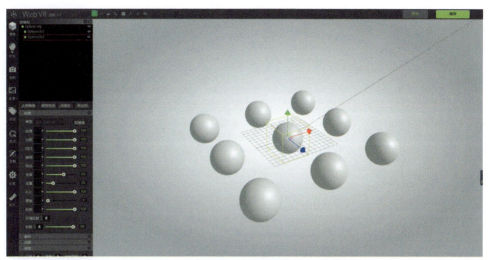

图 5-25 上传球体模型

（2）在模型中选择球体，在左侧工具栏中选择"动画"，如图 5-26 所示。

图 5-26 选择球体

（3）在 0 帧和 60 帧处同时设置关键帧和停止帧，如图 5-27 所示。

图 5-27 设置关键帧和停止帧

（4）将物体缩小至一半。同时在 30 帧处设置关键帧和停止帧，如图 5-28 所示。

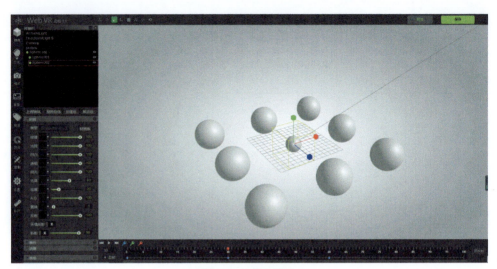

图 5-28 缩小物体

（5）缩放动画设置完成，单击三角形按钮播放动画，可以看到球体在放大和缩小中变换。请保存当前工程，在下一章实战中还会用到。

☆提示☆

在虚拟现实平台中，缩小物体的方法可以通过改变 X、Y、Z 轴的数字快速实现。缩小一半即将缩放后面的 1 改为 0.5 即可，如图 5-29 所示。

图 5-29 修改 X、Y、Z 轴的数字

5.4.4 创建颜色变化动画

（1）上传本书附件提供的灯泡模型，如图 5-30 所示。

（2）在模型中选择灯泡发光区域，在左侧工具栏中选择"动画"。

（3）在 0 帧位置将灯泡纹理颜色设置为红色（255, 0, 0），并在 0 帧和 100 帧处添加关键帧，如图 5-31 所示。

（4）在 33 帧位置将灯泡纹理颜色设置为黄色（255, 255, 0），添加关键帧，如图 5-32 所示。

（5）在 66 帧位置将灯泡纹理颜色设置为蓝色（0, 0, 255），添加关键帧，如图 5-33 所示。

第五章 渲染与动画：你的眼睛会欺骗你

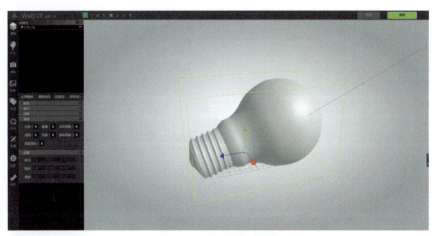

图 5-30　上传灯泡模型

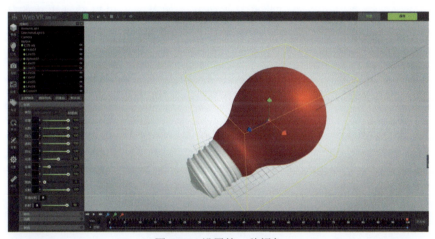

图 5-31　设置第一种颜色

图 5-32　设置第二种颜色

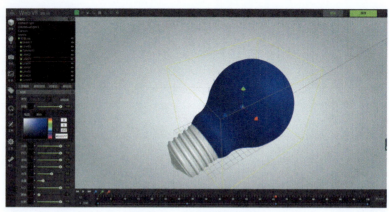

图 5-33　设置第三种颜色

（6）颜色变化动画设置完成，单击三角形按钮播放动画，可以看到灯泡里的多种颜色在变化。读者也可以尝试将彩虹七色都添加上去，可以看到更棒的效果。请保存当前工程，在下一章实战中还会用到。

5.4.5　创建 UV 变化动画

（1）上传本书附件提供的长方体模型及贴图，如图 5-34 所示。

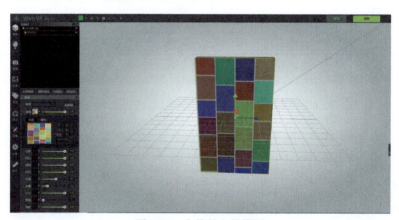

图 5-34　上传长方体模型

（2）选择长方体模型后，从左侧工具栏中选择"动画"，在 0 帧和 100 帧处设置关键帧。

（3）移动动画指针到 50 帧处，选择贴图，更改 U 值为 5，加入关键帧。

（4）动画设置完成，单击三角形按钮播放动画，可以看到贴图在不停地移动。请保存当前工程，在下一章实战中还会用到。

第六章

事件与交互：让世界生动起来

本章目标

1. 了解各种交互技术
2. 掌握事件交互的制作

6.1 VR 交互概述

交互即是交流与互动。普通的计算机系统通常使用键盘、鼠标和触摸屏等外设进行交互。而在计算机系统提供的虚拟空间中，交互方式发生了很大的改变，人们可以使用眼睛、耳朵、皮肤、手势和语音等各种感觉方式直接与系统发生交互，这就是虚拟环境下的交互。

在 VR 领域中，常见的交互技术主要有手势识别、面部表情识别、眼动跟踪及语音识别等。

6.2 基于手势识别的交互技术

手势识别系统利用数据手套和位置跟踪器捕捉手势在空间运动的轨迹和时序信息，对较为复杂的手的动作进行检测，包括手的位置、方向和手指弯曲度等，并可根据这些信息对手势进行分析，如图 6-1 所示。

图 6-1　手势识别交互技术

6.3 基于脸部识别的交互技术

BinaryVR 是一款可以实现人脸识别的工具，可以实现人脸表情追踪，让人用表情和语言与计算机进行互动,如图 6-2 所示。BinaryVR 脸部识别技术通过将面部重要的信息点数据进行采集,快速转化成简单的 3D 模型,最后再通过立体动画的形式展现给观众。通过 BinaryVR 脸部识别,可以分析出人的脸部表情,然后如实地传达出表情和情绪。

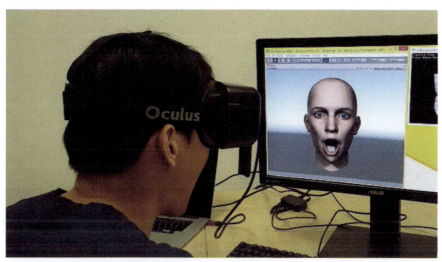

图 6-2　BinaryVR 脸部识别技术

6.4　基于眼球跟踪的交互技术

眼球交互是近几年才兴起的 VR 交互技术,其关键点在于通过检测眼球的运动、瞳孔的扩张等方式推算出用户所注视的位置和景深,甚至可以通过这些参数的变化了解到用户的情绪,以此控制 VR 场景的变化。

例如,在"Eyefluence"中,用户可以通过眼球控制软件操作,使其上下滚屏。试想,如果你通过计算机阅读一本书,只要你两眼向左一瞥就可以自动翻页,而你向下看滚动条就可以下移,向上看滚动条就可以上移。这样,就可以真正实现躺在床上看书了。

这种交互形式在 FPS 游戏中也有广泛的应用,现行的游戏都是使用鼠标控制准星的位置完成瞄准的动作的,而有了眼球跟踪技术,就可以实现用眼神瞄准。这样,FPS 游戏也就不再是单纯的游戏,而真正可以作为军事模拟器为士兵提供模拟射击练习。如图 6-3 所示是一款眼球跟踪模拟器。

图 6-3　眼球跟踪模拟器

6.5　基于动作捕捉的交互技术

基于动作捕捉的交互技术较为常见，大部分的体感 VR 设备都使用了动作捕捉技术，比如 Kinect，如图 6-4 所示。这种体感交互广泛应用于影视制作和游戏娱乐，甚至在不少影视作品或者科幻小说中，那些外星人使用各种投影键盘其实都可以归类于动作捕捉的 VR 交互。

现代新式体感游戏能够模拟出三维场景，玩家手握专用游戏手柄，通过自己身体的动作来控制游戏中人物的动作，能够让玩家"全身"投入到游戏当中，享受到体感互动的新体验。如果你试图开发一个 VR 运动游戏，那么动作捕捉就是不二的交互选择。

图 6-4　体感交互设备 Kinect

6.6 基于语音控制的交互技术

现在，语音识别技术和语音转换技术已经越来越成熟了，很多应用程序或智能设备使用语音进行控制，比如微软的小娜、苹果的 Siri、科大讯飞和小米的智能音箱等。在 VR 交互里，语音交互是一种重要手段。在 VR 场馆中，走近展品就可以听到解说词；在 VR 游戏中，通过脚步声识别敌人的位置等，都属于这种交互技术。

6.7 基于触觉反馈的交互技术

基于触觉反馈的交互技术是偏向于向用户反馈结果的。观察最近几年的游戏手柄就可以看出，大部分手柄都有了震动的功能，如图 6-5 所示。这种交互技术更注重于向用户反馈一种震撼的感觉，提升游戏的打击感。比如，在 VR 游戏中，如果玩家使用了一个威力超大的招式，就可以明显地感觉到屏幕在震动，手柄也同步地在震动。这种反馈会带给用户非常强烈的游戏体验。

有的游戏使用震动作为线索。在某一款 VR 游戏中，玩家在触摸手柄时，如果感觉到震动，则说明在玩家附近拥有一些线索，而且距离线索越近，震动越强烈，以此，玩家就可以找到自己需要的物品。

图 6-5　拥有震动功能的游戏手柄

6.8 基于真实场地的交互技术

如果说以上所有的交互技术都不够真实的话，那么基于真实场地的交互技术就是真正地将虚拟搬到现实的交互技术，它创造了一个逼真的虚拟与现实相结合的世界。用户身处一个大空间里，眼前看到的是虚拟的游戏场景，感觉却是如此真实！因为他看到的游戏人物就是另外的真人。所有的游戏玩家都是游戏中的人物，大家共同生活、战斗在一个"真实"的虚拟场景中。场景甚至有雾有风还有雨，玩家能真切地感受到风吹雨淋，这种全方位的视觉、触觉令人极为震撼。如图 6-6 所示是虚拟现实主题公园。

图 6-6　虚拟现实主题公园

6.9　实战：让模型动起来

在上一章的实战中，我们为物品设置了动画。本节将为这些动画增加事件交互功能，让模型动起来。

【目标】对一个已设置好动画的物品添加事件交互。

【人员】独立完成。

【时间】本实战项目在 1 小时内完成。（0.5 小时内完成为优秀，0.5～1 小时完成为合格。）

（1）找到上一实战项目中保存的抽屉项目，单击"编辑"按钮，开始对该项目进行再次编辑，如图 6-7 所示。

图 6-7　项目编辑

（2）进入项目编辑状态后，单击部件"chouti_1"，再选择左侧工具栏中的"事件"，界面进入事件交互编辑状态，开始添加事件交互功能，如图 6-8 所示。

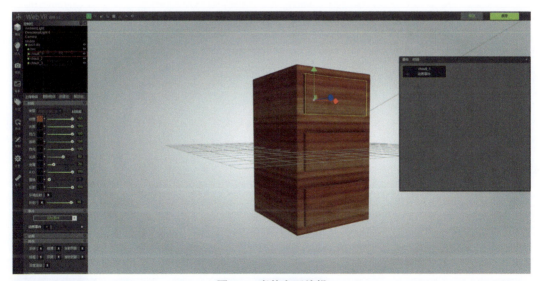

图 6-8　事件交互编辑

（3）选择"添加事件"下拉列表中的"鼠标单击"选项，列表中有"鼠标事件"和"动画事件"两个选项。此时把鼠标放到 out 上，会发现 out 被点亮，此时按住鼠标左键不放，将 out 拖到 in 处并松开鼠标左键，出现一条绿色的线，表示事件设置成功，过程如图 6-9 和图 6-10 所示。

图 6-9　　　　　　　　　　　　　图 6-10

（4）保存工程后打开此项目，用鼠标单击第一个抽屉，即可实现拉开抽屉的效果。用同样的方法可为上一章实战内容中的其他动画项目添加"事件"功能。

第七章

实战演练：VR+ 电子商务

【本章目标】利用前面几章学到的内容，对一件商品进行VR+电子商务方案的设计，并将作品上传至主流电商网站，利用VR来增强商品的展示效果，改善用户的购物体验，达到提高商品销售的目的。

【本章人员】以团队为单位来完成，4~5人为一组组成团队，设队长一名。角色有：摄影师、摄影助理、美术设计师、电商后台操作员等，团队成员应共同协作完成项目。

【本章时间】应在6小时内完成。（4小时内完成为优秀，4~6小时完成为合格。）

7.1 需求分析

电子商务已经深入到人们的日常生活中，大家习惯于在网店中浏览商品并进行购买。为此，商家要为每件商品拍摄很多照片，但是效果却往往差强人意。消费者经常抱怨实际的商品与图片不一致，或者网店的图片不能全方位地展示商品的细节，结果是收到商品后才发现有一些瑕疵，甚至是难以接受的缺憾。这导致的后果是轻则退货，重则给予差评，总之是体验感差。商家也很委屈，为拍照片往往要请专业摄影师来拍摄，花费不菲，但却不能令消费者满意。如何为商家解决这个痛点呢？

电商网站的 VR 解决方案正式登场！VR+电子商务的解决方案包含了很多方法，其中最为基本的一个是让消费者可以通过 VR 的方式浏览商品，即可以多角度、全方位地观察商品，从而能够掌握商品尽可能多的细节，宛如商品已经放在消费者面前一样，达到足不出户，动动鼠标便可逛街的效果。

7.2 系统设计

本实战项目以苹果为例进行演练，实际操作可以使用其他物品，达到举一反三的目的。整个设计和操作的流程包括：对苹果的拍摄—建模—优化—VR 展示—淘宝展示。用户可以将本书的方法迅速地运用到实际的电子商务项目中去。

1. 商品准备

由摄影助理对苹果进行挑选，挑选结构均匀、无损伤、色泽艳丽的苹果为拍摄对象，并对苹果进行简单的清理，如污点清理、果柄整理等，将清理好的苹果放置到多功能转盘上供摄影师拍摄。

2. 拍摄商品

摄影师准备好摄影器材，放置好闪光灯，调试好相机，按 3.8 节的实战中的方法进行拍摄，并将拍摄的照片保存到计算机中。

3. 商品建模

为了让商品更真实，本实战采用照片建模的方式来为商品进行建模。建模师将商品的照片导入 Photoscan 中进行建模运算，完成模型及贴图。

4. 模型优化

第 3 步得到的模型面数太多，在网络上加载的时候速度慢，影响体验，我们可以通过减面操作对模型进行优化，操作方法详见 7.3 节模型优化。完成后还可通过

3ds Max 对模型的大小、初始角度等进行调节。

5. 贴图优化

美术设计师对得到的贴图的明暗度、色彩、图片大小等细节进行调整优化，使贴图与原商品无限接近。

6. VR 展示

接下来将优化后的模型及贴图上传到 VR 平台（www.11dom.com），添加灯光、背景、标签等信息并保存。

7. 部署到淘宝

最后由电商后台操作员将此 VR 展示直接部署到淘宝，实现 VR+ 电子商务。

7.3 模型优化

通过 Photoscan 计算出来的模型面数太多，需要对其进行优化。通过 Polygon Cruncher 模型优化软件对模型进行优化。打开软件后，单击"Optimize a File（优化一个文件）"按钮，软件界面如图 7-1 所示。

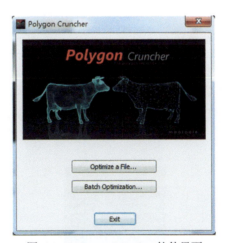

图 7-1　Polygon Cruncher 软件界面

加载模型文件后，确保"Keep UV Textures"处于选中状态，如图 7-2 所示。

图 7-2　"Keep UV Textures"处于选中状态

单击"Compute Optimization（计算优化）"按钮，如图7-3所示。将图中的"Faces（面）"数值改为20000，单击"Save（保存）"按钮，如图7-4所示，模型优化完成。

图7-3 计算优化　　　　　　　　图7-4 面数优化

7.4 贴图优化

在Photoshop中打开贴图，对贴图的曝光度、色彩、锐度等细节进行调整，使其色彩无限接近原实物即可。

7.5 VR展示

运用第三章的导入平台的操作方法，将优化后的模型及贴图上传到VR编辑平台，实现VR展示。

选择"个人中心"→"应用接口"命令进行接口购买，如图7-5所示。购买接口后，三大接口会同时出现在接口列表中，如图7-6所示，单击"复制"按钮后就可将链接粘贴到指定位置。

图7-5 应用接口

第七章　实战演练：VR+电子商务

图 7-6　接口管理

7.6　部署到电商平台

7.6.1　如何部署到淘宝

1. 部署到 PC 端

淘宝的 VR 展示分为 PC 端和手机端，分别在淘宝后台及淘宝神笔中编辑操作。首先介绍部署到 PC 端的操作。由美术设计师制作一张供用户点击的图片（如图 7-7 所示）给电商后台操作员，电商后台操作员使用电商账号登录到淘宝，找到需要进行 VR 展示的商品，进入商品管理界面，将图片放到商品展示的第一位置，再添加热点区域展示中的链接即可实现 PC 端的 VR 展示。

图 7-7　供用户点击的图片

2. 部署到手机端

手机端的实现需要用淘宝神笔来编辑操作。先打开"淘宝神笔"页面，链接地址为：https://xiangqing.taobao.com/index.html?spm=a2o1b.7760020.a31h4.1.ATi2Ij，页面如图 7-8 所示。

图 7-8　"淘宝神笔"页面

（1）依次单击右上角"操作中心"→"宝贝管理"命令，进入"宝贝管理"页面，如图 7-9 所示。

图 7-9　"宝贝管理"页面

（2）选择你需要修改宝贝的"关联手机模板"，单击后面的"编辑"按钮。

（3）请将图片换成带有 VR 标志的图片。单击"加入链接"按钮进入"加入链接"界面，如图 7-10 所示。在"热区 URL 地址"文本框中输入复制到的链接，单击"确定"按钮。其中暗红色框表示单击的位置，请拉动四周按钮，将单击位置布满整张图片，如图 7-11 所示。

图 7-10 "加入链接"界面

图 7-11 热点区域及链接设置

（4）单击"保存"按钮就实现了手机端 VR 展示功能。在手机上浏览商品时，找到这张图片，单击图片后就可以查看 VR 商品展示了！从上面的操作可以看出，将 VR 展示部署到电商的操作方法就是将 VR 展示的链接加入后台商品中。

7.6.2 如何部署到京东

同理，将 VR 展示部署到京东和上述操作类似，在此不再赘述。

第八章

实战演练：VR+ 虚拟展馆

【本章目标】利用前面几章学到的内容，完成VR+虚拟展馆方案的设计、制作、展示。

【本章人员】以团队为单位来完成，4～5人为一组组成团队，设队长一名。角色有：摄影师、摄影助理、美术设计师、建模师等，团队成员应共同协作完成项目。

【本章时间】应在10小时内完成。（6小时内完成为优秀，6～10小时完成为合格。）

8.1 需求分析

大家或许都去过各种各样的展览馆、艺术馆或博物馆，例如故宫博物院、陕西省博物馆等。雄壮威严的阵势、庄严华美的建筑、美轮美奂的藏品，无不令人流连忘返。游客时常感叹没有充裕的时间到达每个角落，玻璃柜中藏品也不能拿在手上细细欣赏把玩。游客们的遗憾如何去消除呢？VR+虚拟展馆应运而生。

VR在展馆的解决方案是将各类实体展馆仿真虚拟出来，将VR+虚拟展馆搬上互联网，让用户在计算机、平板或手机上浏览，感受到如亲临展馆一般的体验；再加上展示热点、行走提示、场景切换等交互手段，使虚拟展馆更具细节化、更有利于参观。

8.2 系统设计

值得注意的是，在制作虚拟展馆的时候，需要按真实比例制作，需要按实体展馆的布置、灯光、环境等内容进行虚拟，以确保虚拟的场景无限接近真实场景。

本实战项目以厦门某大学革命史馆为原型，通过对革命史馆的测量—拍摄—建模—UV制作—VR展示—热点制作—行走提示—场景切换等整个流程进行实战演练。

1. 收集资料

一般情况下展馆都有制作展览内容的电子版，这些内容可用作纹理贴图，所以要请展馆方提供。

2. 真实测量

在制作虚拟展馆的时候，为了能让展馆效果逼真，一般需要展馆方提供CAD图纸。但如果在实际情况中，对方无法提供建筑物的CAD图纸时，我们就只能对建筑物进行实际测量。

3. 现场拍摄

对于一些展馆方资料不全或者内容有变化等情况，就需要在现场补拍内容了。真实场馆的拍摄往往存在一些实际困难，如角度原因、灯光原因及位置原因等，摄影师拍摄时需要用一些巧妙的方法，并与摄影助理相互协作，尽可能将拍摄做到完美。纹理采集需要正面拍摄，拍摄时宁多勿缺。

4. 展馆建模

使用建模软件，根据测量的数据进行真实的建模。建模时要注意细节的还原，将虚拟变得更真实。

5. UV 制作

在制作 UV 时，可以先将贴图摆好，再根据贴图制作 UV，也可以先将 UV 展开，再添加贴图。

6. 贴图优化

由美术设计师将拍摄的素材的明暗度、色彩、图片大小等细节进行调整优化，使贴图与现场无限接近。

7. VR 展示

接下来将优化后的模型及贴图上传到 VR 平台（www.11dom.com），添加灯光、背景、标签等信息，并保存。

8. 交互优化

最后加上热点、行走提示及场景切换，即可获得一个完整的作品。

8.3 收集数据、真实测量

在系统设计的前三步，如果发生资料不全或 CAD 图纸不全时，就需要现场拍摄和实地测量。在现场拍摄时，摄影师负责拍摄，摄影助理清理拍摄现场及优化拍摄展品，协助控制灯光。现场测量时要注意统一精度，大对象精确到厘米，小对象精确到毫米，注意正确记录测量数据。对建筑物进行现场测量如图 8-1 所示。

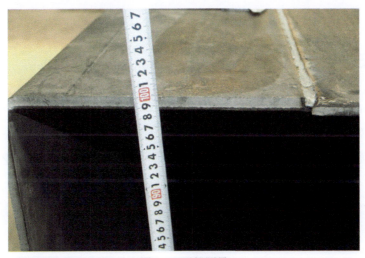

图 8-1　现场测量

8.4 场馆建模

利用采集到的结构及尺寸数据，使用建模软件 3ds Max 对场馆进行建模。建模时要注意对空间的顶部、底部，以及前、后、左、右等方位全方位建模。一般场景模型不复杂，面数不多，但是部件较多，要做好部件的命名工作，以便查找。模型线框图如图 8-2 所示。具体建模过程在此不再赘述。

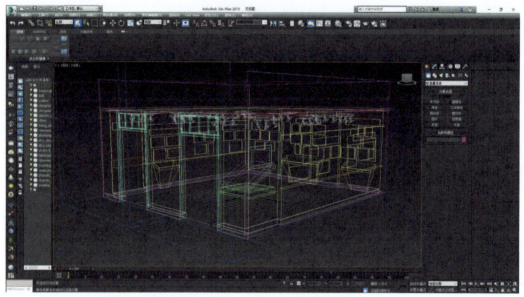

图 8-2　模型线框图

8.5 贴图优化

美术设计师将收集到的素材进行整理、归纳，按顺序摆放，统一调整好明、亮、色彩的效果。调整的标准是与现场的效果无限接近，如图 8-3 所示。

图片要做好命名管理，按场馆的名称加上所在位置的方式进行命名，以备后期使用。

第八章 实战演练：VR+ 虚拟展馆

图 8-3　贴图整理效果

8.6　UV 制作

对于物品类的 UV 制作，通常是先展开 UV，再做贴图；对于场馆类的 UV 制作，通常是先做贴图，再展开 UV，这样做的好处是方便管理。在 UV 的展开过程中，注意符合 UV 展开标准即可，如图 8-4 所示。

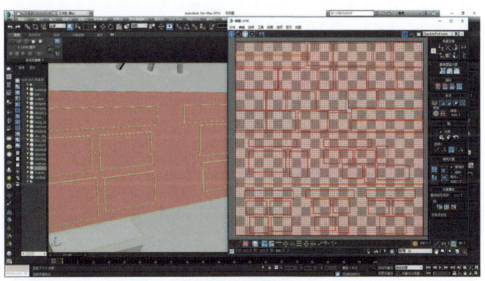

图 8-4　UV 展开制作

8.7 光影渲染

将贴图加载到模型上面,进行光影渲染。在渲染时,一定要设置好与现场相似的光影效果,包括现场灯光、自然光等。渲染后得到光照贴图备用,如图 8-5 所示。

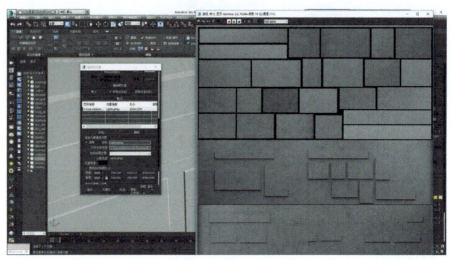

图 8-5　光影贴图渲染

8.8 VR 展示

将模型上传到 VR 编辑平台,添加纹理、光照贴图,并根据需要添加热点,加上交互。至此全部完工,作品如图 8-6 所示。

图 8-6　VR+虚拟展馆效果图

第九章

商业模式：一双 VR+ 的翅膀

9.1 VR 在各个行业中的应用概述

VR 技术给人带来震撼的用户体验，使人机交互进入了一个全新的时代。目前在影视、游戏、产品展示、军事、社交、体育、演艺、教育、电商、医疗、城市规划和房地产等各个领域，VR 飞速发展，各种应用层出不穷。如图 9-1 所示的场景仅为 VR 应用的冰山一角，VR 技术已经成为各行各业的下一个风口。

图 9-1　VR 应用场景

VR 带来海量的市场需求，吸引了众多大型企业和商业资本竞相追逐。全球前沿的科技公司大都投资了 VR 技术相关的项目，开启 VR 市场布局。苹果、索尼、三星、HTC、百度、腾讯、阿里巴巴、京东、小米及富士康等国内外多家著名企业都纷纷开始抢占 VR 市场，这引发了 VR 行业的持续火爆。

2018 世界 VR 产业大会在中国召开，大会期间签约项目总投资额近 200 亿元，这表明中国的 VR 行业的发展势头极为强劲。同时，在网络平台上，与 VR 有关的众包任务需求火爆，显示出行业需求量日渐增大，如图 9-2 所示。而国家也在制定相关政策，积极推进 VR 产业快速发展。

第九章　商业模式：一双 VR+ 的翅膀

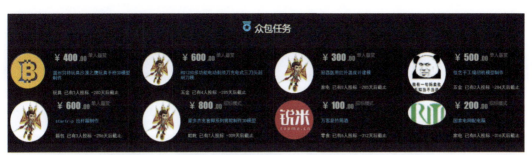

图 9-2　VR 素材的网络众包任务

在行业需求和政府政策扶持的双重助力下，当前 VR 领域人才缺口大、平均薪资高。例如，在招聘网上放出的信息显示，VR 人才薪酬待遇惊人。

9.2　VR+ 电子商务

VR+ 电子商务作为一种购物商业模式，近年来发展较为迅猛，成为 VR 与行业领域的结合中极为活跃的一支。网购日益频繁，已成为人们日常生活中不可或缺的一部分。纵观整个购物网站历史，从电子商务发展初期到现在，涌现出亚马逊、淘宝网、当当、卓越网、京东等著名的购物网站。其中网站技术虽取得了长足的进步，但就交互而言，用户与商品的交互其实没有发生本质的变化，还是停留在"文字+图片+视频"的二维信息模式，而 VR 则能够给人带来三维甚至更多维的信息。VR 购物给电商带来巨大的冲击，毫无疑问是一个足够振奋人心的电子商务革命性科技创新。

新兴的 VR+ 电子商务运用 VR 技术对商品进行虚拟化展示，兼具网购与实体店购物两者的特色和优势，给人带来耳目一新的购物体验。2016 年 7 月，淘宝推出了商品 VR 全景主图（也有人称其为"淘宝 360°宝贝"），随后京东、亚马逊等电商平台也都相继推出。同年，淘宝还在造物节发布会上演示了 VR 购物服务"Buy+"，这些都运用了 VR 全景或者 VR 商店综合技术。

首先是 VR 全景。传统展示都是将多张产品图、正面、侧面、背面等展示给客户看，有了 VR 全景图后，直接上传产品全景图，如图 9-3 所示是一款运动鞋的全景图。客户看得更直观，对产品了解会更详细。这种商品的"内容表达"，丰富了传统平面视图的"弱表达"，以一种"轻量级、绚丽的"方式提升了购物的体验，能够快速抓住消费者，极大地提高产品转化率。

图 9-3 商品 VR 全景 720°展示图

其次，更加炫酷的是 VR 商店，如图 9-4 所示。顾客带上 VR 头显进入虚拟商店，不仅可以像在实体店里一样以任意角度观察商品，还可以随意更换商品款式和颜色，甚至可以抓取、旋转、打开商品。VR 购物在增强体验的同时又保持网购的便捷性，用户可以随意切换到不同的商店，仿佛在不同的时空中穿梭。

图 9-4 VR 商店

总之，VR+ 电子商务让购物发生了颠覆性的变化。VR 技术让用户可以突破时间与空间限制，用户可以在闲暇时间坐在家里的沙发上，随时随地"逛"商城，只要戴上 VR 头显，仿若顷刻间置身于某个商城里。商家也面临着从实体店到网店再到 VR 商店的升级。随着 VR 技术的普及，搭建 VR 商店、商品建模的成本必将越来越低。商家对于商品建模、VR 商店建设的需求也会为即将进入 VR 行业的求职者们提供丰富的就业机会。

9.3 VR+ 网上展馆

世界上有很多著名的博物馆,例如大英博物馆、法国卢浮宫或中国的故宫博物院,藏品浩瀚且很多为稀世珍品,令人神往。由于种种原因,我们可能无法亲临现场参观。利用 VR+ 网上展馆则可以消除这一遗憾,轻轻点击鼠标,便可以完成游览的过程,犹如身临其境。如图 9-5 所示是一个 VR 展馆外景。

图 9-5　VR 展馆外景

与实体展厅相比,VR+ 网上展馆从便利性、自主性、互动性、呈现方式、空间质量等多个方面均有超越。比如,在自主性上,回想"黄金周"旅游旺季,到处人山人海,令人望而却步,但 VR 展馆却没有这个问题,游客可在任何时间、任何地点到"专属"的景点参观。在互动性上,VR 展厅可以利用多媒体技术,以文字、声音、图片、视频及 3D 模型等多种手段,全方位展示展品的细节。如图 9-6 所示是一个 VR 展馆的内景。

图 9-6　VR 展馆内景

VR+ 网上展馆除了给观众带来冲击性的视觉享受外,对于文物保护同样具有重要意义,它既能让游客全方位、多角度地欣赏甚至旋转把玩展品,又避免了观众直接接触,杜绝了人为破坏。这对于那些不适合实体展出的艺术品,如非物质文化遗产、稀世珍品等,都非常适合用 VR 的形式呈现给观众。而且好的 VR+ 网上展馆可以吸引大批的在线流量,在线门票或植入广告就是一笔可观的收入。

9.4 VR+ 售楼处

可能很多人都有过看房的经历。传统的看房过程需要预约房地产中介或者开发商进行现场参观,由于房子高昂的价格势必会让购房者货比三家、四处看房,其过程烦琐且耗时费力。当前购房的主流群体大都是年青一代,他们大都是新科技的追随者,更注重时尚的购房体验。

随着房地产行业竞争的加剧,平面图、沙盘、样板房等传统展示手段已远远无法满足消费者的看房需要,而 VR 技术填补了这一空白。VR 全景技术可以为楼盘建立虚拟鸟瞰区域,可以俯视整体楼盘,直观了解小区布局、绿化和配套设施,如图 9-7 所示。VR 看房可以让看房者在虚拟的房间中自由行走,查看房间的格局、装饰设计的细节,观察房间、阳台的视线、采光等,在网上即可轻松地完成看房流程,如图 9-8 所示。

图 9-7 VR 楼盘鸟瞰图

房地产行业选择 VR 技术,会为用户提供更完美的购房体验,同时也为开发商大大地节了约了成本。这样一个互惠共赢的技术在信息共享时代必然会飞速发展,房地产营销行业也会颠覆以往的老套模式,迎来一场技术创新的革命。

第九章　商业模式：一双 VR+ 的翅膀

图 9-8　VR 看房

9.5　VR+ 艺术品

VR 技术可以对艺术品进行数字化还原，在 VR 平台或相关网站上在线展示，为艺术品爱好者带来全新的体验。收藏者无须四处奔走，在各大古玩市场或收藏馆进行海淘，只需在平台上搜寻心仪的艺术品，然后对其缩放旋转，360°无死角地品鉴。艺术品的质地、光泽乃至瑕疵皆一览无余，如同在手中把玩一样，如图 9-9 所示。

图 9-9　VR+ 艺术品

对于艺术家而言，其专属的 VR 展厅可以让艺术品的传播更加便捷，通过微信分享、网站嵌入、二维码扫描和与各大电商平台对接的方式加快艺术品的流通和收藏。通过对作品关注、收藏和评论等方式与艺术家零距离交流互动，让客户感觉艺术就在身边，极大地提高观赏兴致。

·165·

参考文献

[1] 维基百科，自由的百科全书.虚拟现实 [DB/OL]. https://zh.wikipedia.org/wiki/%E8%99%9A%E6%8B%9F%E7%8E%B0%E5%AE%9E，2019.

[2] 庞国锋，沈旭昆.虚拟现实的10堂课 [M].北京：电子工业出版社，2017.

[3] 安维华.虚拟现实技术及其应用 [M].北京：清华大学出版社，2014.

[4] 翁冬冬.虚拟现实：另一个宜居的未来 [M].北京：电子工业出版社，2019.

[5] 蔺薛菲.虚拟现实三维场景建模与人机交互应用技术研究 [J].艺术与设计（理论），2017，4.

[6] 赵沁平，周彬，李甲.虚拟现实技术研究进展 [J].科技导报，2016，14.

[7] 高媛，刘德建，黄真真.虚拟现实技术促进学习的核心要素及其挑战 [J].电化教育研究，2016，10.

[8] 曹煊.虚拟现实的技术瓶颈 [J].科技导报，2016，34（15）：94—103.

[9] 张凤军，戴国忠，彭晓兰.虚拟现实的人机交互综述 [J].中国科学：信息科学 2016，12.

[10] 陈芬.三维可视化建模技术在虚拟现实中的应用 [J].电脑与电信，2015(12)：70—72.

[11] 李荣辉.三维建模技术在虚拟现实中的应用研究 [D].大庆：大庆石油学院，2017.

[12] Jinzhao Wang. Research on Application of Virtual Reality Technology in Competitive Sports [J]. Procedia Engineering，2012（29）：3659—3662.

[13] Małgorzata Żmigrodzka. Development of Virtual Reality Technology in the Aspect of Educational Applications [J]. Marketing of Scientific and Research Organizations，2017，26（4）：117—133.

[14] 陈国鑫，韦金运，杨昊.浅析虚拟现实技术在广告设计中的表现与应用 [J].科技与创新，2018（18）：152—153.

[15] 江丽丽.计算机技术在虚拟现实技术中的应用 [J].办公自动化，2016，21（22）：57—58.

[16] 李小庆. 虚拟现实技术在高校教育中的应用研究 [J]. 中国新通信，2016，18（23）：125—126.

[17] 艾丽双. 三维可视化 GIS 在城市规划中的应用研究 [D]. 北京：清华大学，2018.

[18] 张帆. Unity3D 游戏开发基础 [D]. 浙江：浙江工商大学出版社，2013.

[19] 倪乐波. Unity3D 产品虚拟展示技术的研究与应用 [J]. 数字技术与应用，2010，9.

[20] 梁骁. 论贴图在三维动画中的重要作用 [J]. 美术教育研究，2017(24)：84.

[21] 尚冰. 3D 游戏中法线贴图技术的应用 [J]. 科技传播，2014，6(14)：163—164+52.

[22] 谯巍. PC 游戏画质相关专业术语 [N]. 电子报，2016-12-11(004).

[23] 陈雪培. 游戏中的三维图形特效算法设计与实现 [D]. 华中科技大学，2015.

[24] 温佩芝，朱立坤，黄佳. 非均匀玉石真实感实时渲染方法 [J]. 桂林电子科技大学学报，2016，36(04)：321—328.

[25] 格尔尼. 色彩与光线 [M]. 北京：人民邮电出版社，2012.

[26] 宣雨松. Unity 3D 游戏开发 [M]. 北京：人民邮电出版社，2012.

[27] 孙嘉谦. Unity 3D 详解与全案解析 [M]. 北京：清华大学出版社，2015.

[28] 李文杰. 关于三维环境的灯光设计 [J]. 科技信息 (科学教研)，2008(04)：71+32.

[29] 万晓霞. 2018 世界 VR 产业大会成果丰硕 [EB/OL]. 南昌市政府，南昌日报社，2018-10-21.

[30] 国家广告研究院. 2016 半年度 VR 用户报告：VR 重度用户人数较去年增长近 150%[J]. 中国广播，2016，11：94—95.

[31] 陈翔雪，金秀玲. VR 技术在电子商务领域的应用 [J]. 现代工业经济和信息化，2018，10：28—30.

反侵权盗版声明

电子工业出版社依法对本作品享有专有出版权。任何未经权利人书面许可，复制、销售或通过信息网络传播本作品的行为；歪曲、篡改、剽窃本作品的行为，均违反《中华人民共和国著作权法》，其行为人应承担相应的民事责任和行政责任，构成犯罪的，将被依法追究刑事责任。

为了维护市场秩序，保护权利人的合法权益，我社将依法查处和打击侵权盗版的单位和个人。欢迎社会各界人士积极举报侵权盗版行为，本社将奖励举报有功人员，并保证举报人的信息不被泄露。

举报电话：（010）88254396；（010）88258888

传　真：（010）88254397

E-mail：dbqq@phei.com.cn

通信地址：北京市万寿路173信箱

电子工业出版社总编办公室

邮　编：100036